面向对象软件工程
实践指南

EECS

电子工程与
计算机科学

曹 健 编著

上海交通大学出版社
SHANGHAI JIAO TONG UNIVERSITY PRESS

内容提要

　　本书围绕基于面向对象方法学的软件开发过程,介绍了各个典型环节和各个环节中采用的技术,并给出了一个详细完整的案例。主要内容为:面向对象软件工程基本概念和统一建模语言 UML 的介绍,在此基础上,对软件开发计划、需求定义、分析、设计、构造、测试、交付和总结等各个阶段的步骤、采用的技术和交付物进行了阐述。书中给出了一个详细的案例,与每一个环节相对应。读者可以通过学习前半部分的指南并参考后半部分的案例了解软件开发过程的组织和实施的具体方式。

　　本书可以作为高等院校计算机科学与技术、软件工程以及其他相关学科的软件工程课程的配套教材,也可供研究生、工程技术人员进行参考。

图书在版编目(CIP)数据

面向对象软件工程实践指南 / 曹健编著.—上海:
上海交通大学出版社,2017
ISBN 978 - 7 - 313 - 16218 - 2

Ⅰ.①面…　Ⅱ.①曹…　Ⅲ.①面向对象语言—程序设
计　Ⅳ.①TP312.8

中国版本图书馆 CIP 数据核字(2016)第 288268 号

面向对象软件工程实践指南

编　著:曹健
出版发行:上海交通大学出版社　　　　　　　　地　　址:上海市番禺路 951 号
邮政编码:200030　　　　　　　　　　　　　　电　　话:021 - 64071208
出 版 人:郑益慧
印　　制:常熟市文化印刷有限公司　　　　　　经　　销:全国新华书店
开　　本:787 mm×1092 mm　1/16　　　　　　印　　张:17.75
字　　数:432 千字
版　　次:2017 年 2 月第 1 版　　　　　　　　　印　　次:2017 年 2 月第 1 次印刷
书　　号:ISBN 978 - 7 - 313 - 16218 - 2/TP
定　　价:48.00 元

前　言

　　软件的广泛使用已经成为驱动社会发展的重要力量。"软件工程"作为一门研究系统、规范、合理化软件开发的学科，是计算机专业、软件工程专业的核心课程，也是其他专业可能选修的课程。目前已经有许多的软件工程教科书，不少教科书还是这个领域的经典。显然，这些教科书在解释软件工程的相关理论、技术方面均有自己独特之处。然而，软件工程不是一门单纯理论性的课程，学生在学习时除了完成一些作业外，必须能够进行软件工程的实践，而且这种实践不是个别环节、个别技术的。因此，以小组为单位让学生能够以软件工程方法为指导完整地开发一个软件系统就非常有必要了。目前，许多学校在教这一门课程时，也确实要求学生进行小组项目的开发。然而，在这个过程中，软件工程教科书由于以讲解知识点为主，往往并未给以明确的实践性指导。

　　笔者教授软件工程多年，尝试过不同形式的教学方式，深感到一本软件工程实践教程的必要性。虽然国内也有一些软件工程实践方面的教材，笔者还是觉得指导性不够，学生还是难以一步一步"按图索骥"地完成一个软件项目的完整训练。因此，笔者在总结多年教学经验的基础上，针对面向对象软件工程来提供软件工程项目的训练教程。在实际中，软件项目的组织方式包括软件过程模型、文档模板，涉及的模型、采用的方法是多样化的。本书的目的主要在于为学生进行软件项目实践提供指导，所以选择了传统的开发过程模型，并对文档模板和模型集合进行了挑选。在具体的内容组织上，提供了完整的实际的案例，以给予学生直观的参考。当然，本书自身的知识体系也是完整的，对面向对象软件工程有兴趣的读者可以通过本书了解相关的知识。

　　本书的编写得到了俞嘉地、盛斌、薛庆水老师的协助，也得到了研究生姚艳、贾挺杰、刘辰旸、顾顾、李键、马子泰、朱能军、刘涛的帮助。本书中的案例编写来源于雷浩若、徐源、田晓亮、姚佳乐、苏畅同学的实际作业，并经过了田晓亮同学和笔者的进一步修改。在此，对所有帮助过本书编写的人一并表示感谢。

由于笔者水平有限，书中可能会出现表达不够准确的地方，敬请读者指正。书中的案例也仅仅出于示范的目的而提供，并非最佳设计，甚至可能存在缺陷，也请读者在参考时加以注意。

希望通过本书，能够促进软件工程教学效果的提升。

目 录

第一篇 指 南 篇

第一篇
指南篇

第1章 软件工程概论

软件工程是在软件的应用得到逐步推广的过程中自然产生的。一方面,它逐渐发展出了针对软件开发所遇到的共性问题的系列技术和方法,另一方面,它又遵从并不断借鉴了人类在其他领域发展而来的工程化的思想。

通过回顾软件工程的历史,并了解其运用的工程思想,特别是目前流行的面向对象的软件工程思想,有助于我们理解掌握软件工程方法。

1.1 软件工程的发展历史

1.1.1 第一台计算机和第一位程序员

世界上公认的第一台电子计算机是 ENIAC(埃尼亚克),它问世于 1946 年 2 月 14 日,全称是"电子数值积分计算机",英文名为"Electronic Numerical Integrator and Computer",它是由美国宾夕法尼亚大学莫尔电子工程学院的莫尔小组承担研制的(见图 1-1)。

图 1-1 世界上第一台电子计算机 ENIAC

但是，世界上首位程序员的出现却远远早于第一台电子计算机，并且这个第一位程序员是位女士。她的名字叫Augusta Ada LoveLace，1815 年生于伦敦（见图 1-2）。Ada 设计了巴贝奇分析机上求解伯努利方程的一个程序，并证明了巴贝奇的分析器可以求解许多问题。在 1843 年 Ada 发表的一篇论文里面提出机器可以用来创作音乐、制图以及进行科学研究。同时，Ada 还提出了循环和子程序等计算机的重要概念，为计算设计了"算法"，并创作出了"程序设计流程图"。因此，Ada 被广泛地认为是世界上第一位程序员。为了纪念她，1980 年 12 月 10 日，一种新的计算机编程语言以她的名字命名，那就是 Ada。Ada 曾广泛用于美国军方尖端武器开发中。

图 1-2　世界上第一位程序员
Augusta Ada LoveLace

1.1.2　软件的发展和软件危机

20 世纪 50 年代，伴随着第一台电子计算机的问世，编程语言开始出现，相应地，计算机软件诞生了，以写软件为职业的人也逐渐开始出现，他们是真正意义上的程序员。最开始，这些程序员大多是一些有经验和经过训练的电子工程师甚至是数学家。

在计算机发展的初期（20 世纪 60 年代中期以前），计算机主要用于军事领域，后来才慢慢普及到民用领域。那时候硬件作用十分单一，通常只能用来执行一个程序。当时的计算机硬件也非常昂贵，编程人员必须在有限的处理器性能和极小的储存空间限制下，编写出执行速度快、占用空间小的程序，因而程序的编写充满了各种技巧，又带有个人色彩。当时的软件开发主要依赖程序员的聪明才智，同时，软件除了源代码以外，几乎没有文档等附属产品。软件的开发没有什么系统的方法。

20 世纪 60 年代到 70 年代，计算机领域进入了比较快速的发展时期，正是在这一时期，软件从军用扩展到了民用，并作为一种广泛存在的产品为人们所接受。这个时期的一个重要特征是出现了"软件作坊"。但是，"软件作坊"采用的仍然是早期的个体软件开发的方式，几乎没有团队的协调与沟通。随着软件需求量的急剧增长，软件的需求也日益复杂，个体化开发的方式越来越难以满足社会的需求。复杂的软件也带来了大量的维护问题，然而许多程序的个体化特征使得它们最终成为不可维护的。随着计算机应用的日益普及，软件数量急剧上升，失败的软件项目也开始层出不穷，这一现象引起了普遍的关注，因而出现了"软件危机"这一说法。1968 年北大西洋公约组织的计算机科学家在联邦德国召开学术会议，正是在这次会议上，"软件危机"第一次正式提出。

下面介绍 5 起历史上著名的软件灾难：

1) 水手号（Mariner）的致命 BUG（1962 年）

损失：1 850 万美元

携带空间探测器的水手 1 号（The Mariner 1）火箭前往金星，在起飞后不久就偏离了预定航线。任务控制系统不得不在起飞 293 秒后摧毁了火箭。原因是一名程序员把一条手写的公式编写为错误的计算机代码，其中漏了一个横杠上标。少了横杠指明的平滑函数，软件就把速率的正规变分视为严重的错误，并对该错误进行了修正，从而将火箭引导偏离了航向。

2）哈特福德体育场倒塌事件（1978 年）

损失：7 000 万美元，以及给当地经济造成的 2 000 万美元损失

当成千上万的球迷离开哈特福德体育场几个小时后，钢结构的体育场屋顶就被湿雪压垮了。原因是 CAD 软件的程序员在设计体育场时错误地假设钢结构屋顶的支撑仅承受纯压力。但当其中的一个支撑意外地因大雪垮塌后，引发了连锁反应，导致屋顶的其余部分像多米诺骨牌一样相继倒掉。

3）苏联天然气管道爆炸（1982 年）

损失：数百万美元，并严重破坏了苏联经济

控制软件出故障造成跨西伯利亚输气管道压力急剧上升，导致了历史上最大的人为非核爆炸。据说，CIA 侦探在苏联购买的用于控制输气管道的系统内植入了一个 BUG。

4）几乎引发第三次世界大战的导弹误报事件（1983 年）

损失：将近全人类的毁灭

苏联预警系统误报美国发射了 5 枚弹道导弹。幸运的是，苏联的执勤官认为如果美国真的要攻击苏联的话，发射的导弹肯定不止 5 枚，因此他把这次攻击报告界定为一次误报。误报的原因是苏联预警系统中有一个 BUG，该系统误将阳光反射云顶识别为导弹。

5）医疗器械致死案（1985 年）

损失：死亡 3 人，严重受伤 3 人

加拿大的 Therac - 25 放射治疗仪发生了故障，令病人受到了致命的辐射。原因是软件中一个称为竞态条件（race condition）的细小 BUG，一名技术人员可能在病人尚未进行适当防护的情况下意外地将 Therac - 25 配置为高能模式。

在 http://www.devtopics.com/20 - famous-software-disasters/上可以找到更多这样的例子。软件危机的出现，让人们对软件的开发有了更深入的研究和更多的反思，并开始改变对软件的一些不正确看法。易懂、易用、易修改、易维护等软件工程提倡的理念逐渐被大众所接受。

1.1.3　软件工程的提出

在 1968 年北大西洋公约组织的计算机科学家的会议上集中讨论了如何应对"软件危机"，在这次会议上，第一次提出了"软件工程"。

"软件工程"是一门研究系统、规范、合理化软件开发的学科。软件工程运用工程学的原则和方法重新制订了软件开发的流程和方案。具体来说，软件工程涉及两大方面主要内容，首先是软件开发的技术，其次是软件开发的管理。这二者缺一不可。其中软件开发技术主要包括了软件开发方法、工具、环境等，软件开发管理则包括了软件开发周期管理、开发人员管理、进度管理等内容。

软件工程发展至今，大致可以分为结构化软件工程（也称为传统软件工程）和面向对象软件工程（也称为现代软件工程）。结构化软件工程围绕功能、数据和数据流展开分析和设计，以模块为中心，自顶向下、逐步求精完成软件设计，系统是实现模块功能的函数和过程的集合。而面向对象软件工程则以对象为核心，通过识别系统中的类，定义对象之间的交互，考虑类的代码实现从而完成系统分析和设计。

然而，软件工程目前依然不够成熟。不同的人对软件开发持有不同的观点，如以 C. A. R.

Hore 为代表的数学观,以 Bertrand Meyer 为代表的工程观,以 Ivar Jacobson 为代表的建模观等。而在现实生活中,许多程序员还认为软件开发是个手工艺活,还有一些人甚至把软件开发看作是一门"艺术"——不同的人发挥自己的创造力写出迥然不同的代码。因而,要使得软件开发逐步成熟,要大力传播软件工程的思想,同时软件工程自身还需要不断发展完善。

1.2 软件工程基本思想

无论是传统软件工程还是面向对象软件工程,它们都体现了一些共同的思想,这些思想主要有:抽象,分解,分类,复用。

1.2.1 抽象

抽象,是人类解决复杂问题的通用方法。抽象是从众多的事物中抽取出共同的、本质性的特征,而舍弃其非本质的特征。通过硬件基础上运行的软件来解决实际问题时,软件中的概念和实际问题中的概念是有区别的,因此必须采用抽象来实现实际问题在软件世界中的映射。在传统软件工程中,问题被映射成函数、数据结构、算法等软件概念,而在面向对象软件工程中,问题被映射成对象、类以及它们之间的关系,由于对象、类模拟了现实世界,这种抽象更容易理解。为了实现从问题领域到软件领域的映射,软件工程把软件开发分成了多个阶段,每一个阶段中提供了多种模型来完成任务,而模型本身就是一种抽象表达。

1.2.2 分解

分解,也是人类解决复杂问题的通用方法。所谓分解,就是把复杂的系统变成小的系统,采用"各个击破"的原则逐一解决。由于软件本身比较复杂,作为一个整体开发存在一定困难,因此,把软件系统分解成一个个小系统,这样就可以大大降低开发难度。传统的软件工程在分解时,从功能角度出发,各个子系统都对应了一部分功能;而面向对象的软件工程中,把系统分解为一个个对象,通过定义对象间的交互来完成所有的功能。分解也促进了软件重用,由于每一个小的单元(子系统、模块、类、函数)具备一定的功能,在未来的软件开发中可以再次使用,那些具有一定通用性的软件,甚至可以构成一个可重用软件库。

1.2.3 复用

复用,就是利用已有的代码,或者已有的知识、经验编写代码,以进行新的软件开发。复用可以节省很大一部分时间和精力,从而提高开发效率。复用的软件大多经过很长时间的检验,这样可以减少开发过程中可能出现的错误。小部分的创新加上大部分的已有成果来完成新项目,因此利用复用可以高效而又高质量地完成软件开发工作。

复用的形式有多种多样,主要的形式为程序库、类库、软件服务、应用框架、设计模式等。

(1) 程序库是代码复用最直接的例子。有很多的函数或者模块在软件之间都是通用的,比如说对一个数组的排序函数,文件的读、写函数等。将这些函数、模块封装在一个程序库中,后续进行开发工作的程序员只需要简单地进行调用就可以了。程序库的好处是显而易见的:程序员通过调用相应函数或模块,可以提高开发的效率;同时,程序库中的操作一定是经过充分测试后正确的代码,减少了出错的可能。

(2) 类库是面向对象软件开发时实现复用的有效方式。将普遍需要的类放入类库,在软件开发时可以直接使用这些类来创建对象,或者通过继承这些类并加以修改和扩充产生所需要的子类。

(3) 软件服务:随着互联网、Web 服务、Web API、云计算等技术的发展,在开发过程中可以直接利用由服务提供商提供的服务或者 API 来构建系统,而无须了解实现服务的具体代码和服务运行的具体方式。

(4) 软件开发者可以采用第三方的应用程序或应用框架实现代码的复用。这种代码复用往往范围比较大,可以在很大程度上提高开发效率。

(5) 设计模式是许多年软件开发经验的结晶,它对各类问题提供了一些具有普遍借鉴意义的解决方法。因而设计模式的重用实际上代表了一种知识的重用。

1.3　传统软件工程

目前使用得最广泛的软件工程方法学,分别是传统软件工程和现代软件工程。传统软件工程,主要指的是生命周期方法下的软件工程,是 20 世纪 60 年代为摆脱"软件危机"出现的工程学。它采用结构化技术来完成软件开发的各项任务,并使用适当的软件工具或软件工程环境来支持结构化技术的运用。该方法把软件生命周期的全过程依次划分为需求分析、总体设计与详细设计、编码、测试、维护等几个主要阶段,然后顺序地完成每个阶段的任务。每个阶段的开始和结束都有严格的标准,必须经过正式严格的技术审查和管理审查,前一阶段的结束标准就是后一个阶段的开始标准。其中,审查最主要的标准就是每个阶段都应该提交"最新的"高质量的文档。

1) 需求分析

该阶段的主要工作是对待开发软件提出的需求进行分析并给出详细的定义。该阶段的输出为软件需求说明书及初步的系统用户手册。

2) 总体设计

以需求分析为结果,设计出总体的系统构架。包括模块的划分、数据传送与共享等内容。该阶段的输出为概要设计说明书。

3) 详细设计

在总体设计的基础上,设计模块内部的结构,包括界面设计、算法设计、数据库的设计等。该阶段的输出为详细设计说明书。

4) 编码

将设计模型映射为代码,用代码来实现设计的功能。利用编程语言,将人类的思想转变为能被计算机理解和执行的程序,该阶段的输出为程序代码。

5) 测试

在设计或编码的过程中,会出现一些纰漏或者错误。测试的作用是不断验证已有系统的功能,排除错误,完善系统。该阶段的具体任务包括单元测试、集成测试、验收测试等,输出为测试报告。

6）维护

在使用中对发现的错误进行修改或者针对变化的需求对软件进行修改。具体包括三种类型的维护：改正性维护、适应性维护和完善性维护。其中，改正性维护主要对运行中发现的软件错误进行修正，适应性维护主要为了适应变化了的软件工作环境而进行适当的变更，完善性维护则主要针对软件需求的变化而做变更。

传统的软件工程学是符合工程学原理的一套体系。传统软件工程学的出现，很大程度上解决了"软件危机"中的一些问题。其优点主要有两个方面：一是将软件的生命周期划分为若干个独立的阶段，便于不同人员分工协作；二是在每个阶段结束前都进行严格的审查，可有效地保证软件的质量。

然而，传统软件工程最主要的问题是缺乏灵活性，它要求必须在项目开始前说明全部需求，但这恰恰是非常困难的。当软件规模比较大，并且软件的需求是模糊的或者随时间变化而变化时，传统软件工程就会存在很多问题。同时，传统的软件工程采用了结构化的技术来完成软件开发的各项任务，比较明显的问题是开发效率比较低下，软件中代码的复用率低，软件维护比较困难。由于传统软件工程强调更多的是模块化，各个小模块组成了系统的功能。随着用户需求的改变和技术的发展，模块经常需要改变。而这是传统软件工程很难处理的情况，因为局部功能模块的修改甚至可能带来整个系统的改变。低下的开发效率和代码复用率成为传统软件工程继续发展的瓶颈。

1.4　面向对象方法学

现代软件工程主要指的是面向对象的软件工程。所谓面向对象，就是针对现实中客观存在的事物进行软件开发。这是类似于人的直观思维方式的。

众所周知，客观世界是由许多不同的具有自己的运动规律和内部状态的对象构成。不同的对象之间相互作用和交互形成了完整的客观世界。因此，从思维模式的角度，面向对象与客观世界相对应，对象概念就是现实世界中对象的模型化。从人类认知过程的角度来看，面向对象的方法既提供了从一般到特殊的演绎手段（如继承），又提供了从特殊到一般的归纳形式（如类目）。面向对象方法学是遵循一般认知方法学的基本概念而建立起来的完整理论和方法体系。因此，面向对象方法学也是一种认知方法学。

从软件技术角度来讲，面向对象方法起源于信息隐蔽和抽象数据类型概念，它以对象作为基本单位，把系统中所有资源，如数据、模块以及系统都看成对象，每个对象把一组数据和一组过程封装在一起。面向对象方法是面向对象技术在软件工程的全面应用。如图1-3所示，面向对象方法从现实世界中的问题域直接抽象，确定对象，根据对象的特性抽象，用类来描述相同属性的对象，而类又分成不同的抽象层次，类成为面向对象设计的最基本模块，它封

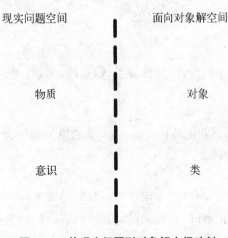

现实问题空间　　　　面向对象解空间

物质　　　　　　　　对象

意识　　　　　　　　类

图1-3　从现实问题到对象解空间映射

装了描述该类的数据和操作,数据描述了对象具体的状态,而操作确定了对象的行为。

1.4.1　面向对象方法学的起源

面向对象方法学的发展历史大致可以划分为四个阶段。

1) 萌芽阶段(20 世纪 50 年代)

在 20 世纪 50 年代初,面向对象方法中的"对象""属性"等概念第一次出现在关于人工智能的著作中。到 50 年代后期,随着面向对象的编程语言(object-oriented programming language, OOPL)的出现,面向对象的思想开始真正的蓬勃发展。为了避免变量名在不同部分发生冲突,ALGOL 语言的设计者在 ALGOL60 中采用了以"Begin … End"为标识的程序块,使得块内变量名是局部的,从而避免它们与程序中块外的同名变量相冲突。这是编程语言中首次提供封装的尝试。此后程序块结构广泛用于高级语言如 Pascal、Ada、C 之中。

2) 初期阶段(20 世纪 60 年代)

20 世纪 60 年代中期,由挪威计算中心和奥斯陆大学共同研制的 Simula 语言,在 ALGOL 基础上,首次引入了类、继承和对象等概念,成为面向对象方法学在软件工程领域的起源标志。在 Simula67 影响下,70 年代 Xerox PARC 研究所发明了以类为核心概念的 Smalltalk 编程语言。在 Smalltalk 中,对象和消息广泛地应用在了基础的运算中,而且相比 Simula67,Smalltalk 中的对象是动态的,而并非 Simula 中的静态对象。在 Smalltalk 之后,在 1980 年,Xerox 研究中心又推出 Smalltalk‐80 系统,其强调了对象概念的统一,并引入了方法、实例等概念和术语,应用了单重继承机制和动态链接。它从界面、环境、工具、语言以及软件可重用等方面对软件开发工作提供了较为全面的支持,使得面向对象程序设计趋于完善,掀起了面向对象研究的高潮。

3) 发展阶段(20 世纪 80 年代中期到 90 年代)

该阶段,受到 Smalltalk‐80 的影响,大批面向对象编程语言相继涌出,如 Object‐C、Eiffel、C++、Java、Object‐Pascal 等。

20 世纪 80 年代中期,C 语言扩展到面向对象的领域上,于是 C++在 80 年代应运而生。C++保留了 C 语言的原有特性,同时增加了面向对象的支持。因此,C++是一种既支持面向过程编程,又支持面向对象编程的混合式编程语言。

在 C++之后,Java 和 C♯是最为广泛应用的面向对象编程语言。它们都引入了虚拟机的概念,且语法上都与 C 和 C++相近。这两种语言是更为纯粹的面向对象语言。近些年来动态语言如 Python、Ruby 的流行,又推动了面向对象技术的发展。

1989 年,Object Management Group(OMG)公司建立。OMG 的使命是建立工业标准,细化对象管理描述和应用开发的通用框架。统一建模语言(unified modeling language, UML)就是由 OMG 维护的众所周知的描述之一。UML 是为软件系统的制品进行描述、可视化、构造、归档化的一种语言。它同样适用于商业模块和其他非软件系统。

4) 成熟阶段(20 世纪 90 年代之后)

自 1990 年,面向对象分析(object oriented analysis, OOA)和面向对象设计(object oriented design, OOD)被广泛研究,许多专家都在尝试不同的方法进行面向对象分析和设计。其中比较著名的方法有 Grady Booch 方法、Jocobson 的 OOSE 方法、Rumbaugh 的 OMT 方法等,这些方法各有所长。这段时期,面向对象分析和设计技术逐渐走向实用,最终形成了从分析、设计、编程、测试到维护的一整套软件开发体系。其中在支持面向对象建模的方法学的竞技中,统一建模语言 UML 最终成为建模领域的标准。

1.4.2 面向对象方法学的核心概念

面向对象方法学可以用下式表述:

$$面向对象方法学＝对象＋类＋继承＋基于消息的通信$$

即面向对象使用了对象、类和继承的机制,同时对象之间只能通过传递消息来实现相互通信。

1) 对象(object):一切都是对象

自然界存在的一切事物都可以称作对象。例如学生是对象,老师是对象,教室是对象,一个学校也是一个对象。对象是其自身所具有的状态特征和作用于这些状态特征的操作集合一起构成的独立实体。对象包含两个要素:描述对象静态特征的属性和描述对象动态特征的操作。对象是面向对象方法学的基本单位,是构成和支持整个面向对象方法学的基石。

2) 类(class):物以类聚

类是对具有相同属性、特征和服务的一个或一组对象的抽象定义。类与对象是抽象描述与具体实例的关系,一个具体的对象称作类的一个实例(instance)。例如学生是对所有种类的学生的抽象,某个学生小张可以看作是学生类型的一个实例。

3) 继承(inheritance):世界的相似性与多样性

世界万物既有相似性,又有多样性。通过继承机制,可以达到相似性与多样性的统一。一方面子类继承父类定义的属性和操作,另一方面,子类又可以添加自己的属性和操作,或者通过多态机制使得父类中定义的操作有自己的实现。

4) 基于消息的通信(communication with message):消息,合作之道

消息(message)是面向对象软件中对象之间交互的途径,是对象之间建立的一种通信机制。通常是指向其他对象发出服务请求或者参与处理其他对象发来的请求。一条消息的必备信息有:消息名、消息请求者、消息响应者、消息所要求的具体服务和参数等。

消息通信(communication with messages)也是面向对象方法学中的一条重要原则,它与对象的封装原则密不可分。封装使对象成为一些各司其职、互不干扰的独立单位;消息通信则为它们提供了唯一合法的动态联系途径,使它们的行为能够互相配合,构成一个有机的系统。

1.4.3 面向对象的特性

1) 抽象(abstraction)

抽象是指强调实体的本质、内在的属性和行为,而忽略一些无关的属性和行为。抽象描述了一个对象的内涵,可以将对象与所有其他类型的对象区分开来。对于给定的问题域决定一组正确的抽象是面向对象设计的核心问题。

2) 封装(encapsulation)

封装是指把对象的属性和操作结合成一个独立的系统单位,并尽可能的隐藏对象的内部细节。封装是对象和类的一个基本特性,又称信息隐藏。通过对象的封装性,用户只能看到对象封装界面上的信息,对象内部对用户是透明的,从而有效地实现了模块化功能。封装可以使对象形成接口和实现两个部分,将功能和实现分离,避免错误操作。

3) 多态（polymorphism）

多态指一般类中定义的属性或方法被特殊类继承之后，可以具有不同的数据类型或表现出不同的行为。使用多态技术时，用户可以发送一个通用的消息，而实现的细节则由接受对象自行决定，这样同一消息就可以调用不同的方法。多态性不仅增加了面向对象软件系统的灵活性，进一步减少了信息冗余，而且显著提高了软件的可重用性和可扩充性。

1.4.4　类之间的关系

类之间存在三种基本的类关系：① 一般-特殊关系，表示"是一种"关系（is a），例如，樱花是一种花，花是一般的类，而樱花是一种特殊的子类；② 整体-部分关系，表示"组成部分"关系（has a/contains a），如花瓣是花的一部分；③ 关联关系，表示某种语义上的依赖关系（use a），相互关联的两个对象一般是平等的，例如，蜜蜂和花之间的关系。

1) 一般-特殊关系

（1）继承（inheritance）。继承是面向对象方法学中的一个十分重要的概念，继承是指能够直接获得已有的性质或特征，不必重新定义。在面向对象的方法学中，其定义是：特殊类（或称子类、派生类）的对象拥有其一般类（或称父类、基类）的全部属性与服务，称作特殊类对一般类的继承。比如樱花是子类，花是基类。继承可以表示类与类、接口与接口之间的继承关系，或类与接口之间的实现关系。继承分为单继承和多继承。当一个类只有一个父类时为单继承，有多个父类时为多继承。

（2）泛化（generalization）。泛化与继承相反，是指从子类抽取共同的特征形成父类的过程。例如，从关山樱、菊樱、郁金樱等不同种类樱花中，抽取樱花类。

2) 整体-部分关系

（1）聚合（aggregation）。聚合表示整体类和部分类之间的关系为"包含""组成"的关系。例如，花包含了樱花、桃花、梅花等，当这些花不构成完整的花类时，也是单独存在的。

（2）组合（composition）。组合表示整体类拥有部分类，部分和整体具有相同的生存期，如果整体不存在了，部分也随之消失。例如一朵花包含花冠、花萼、花托和花蕊四个部分，花不存在了，则花冠等也没有意义。组合是一种特殊形式的强类型的聚合。

3) 关联关系

（1）关联（association）。关联是体现两个类之间语义级别的一种强依赖关系，一般是长期的且双方是平等的。关联可以是单向的和双向的。

（2）依赖（dependency）。依赖是类与类之间的连接，表示一个类依赖于另一个类的定义，其中一个类的变化将影响另外一个类，依赖关系具有偶然性、临时性，是脆弱的。

（3）实现（realization）。指的是一个类实现接口（可以是多个）的功能；实现是类与接口之间最常见的关系。

1.4.5　面向对象的优点

面向对象技术提供了更好的抽象能力和更多的软件开发方法和工具，能够使用各种不同的设计模式来解决具体问题。而且，在软件实现层面上看，面向对象技术极大地提高了代码复用，提高了代码的可扩展性，便于软件的维护。

面向对象技术中，对象是整个技术的核心。而整个软件系统，是真实世界的一种抽象。这种抽象,是由描述状态的数据,以及描述动作的方法的整体封装。不同的对象之间可以相互传递消息,类似于现实世界中不同事物之间的交流和联系。因为面向对象理念中,建立起来的模型是对真实世界的反映,所以开发者可以更多地站在真实世界——软件应用领域——的角度去看待问题,而不需要把应用领域的问题转化为计算机的角度来考虑。这样的思考方法无疑更加接近于人的传统思维方式,对于问题的考虑也将更加完善。

传统的软件开发方法是"瀑布"模型的,强调自顶向下完成软件开发过程。然而事实上,人们对于问题的认识是一个渐进的过程。通过不断深化对问题的理解,人们的思维经历了从特殊到一般的归纳,也经历了从一般到特殊的演绎,这都是在第一次分析问题时所难以达到的。人们在认识复杂的问题时,运用最多的方式是抽象,即忽略不关注的方面,而重点分析处理关注的方面,这与面向对象的思想是一致的。

通过面向对象技术建立起来的模型,可以随着开发者对于问题理解的深入而进行完善和修改。由于类与类之间是相对独立的,因此不会出现牵一发而动全身的情况。当系统的功能需求改变时,软件的结构不会出现大的变化,一般情况下只需要进行简单的修改和调整。因为对象是对真实世界的反映,而真实世界的结构是相对稳定的,因而以面向对象技术构建出的系统结构也是比较稳定的。

在传统的工业界,用已有的零件来装配新的产品是非常普遍的情况。实际上,新的产品并不是全新的,仅仅是部分零件做了更新而已。软件开发同样是如此,一个新的软件并不需要完全重写所有的代码。这种时候,代码复用就可以很大程度地提高生产效率。在传统的软件工程中,代码的复用是利用标准函数库实现的。但是标准函数库很难适应不同的应用场合和不同的需求,因而这种复用是很基本的。函数库仅仅能提供最为基础的功能,在一个软件系统中,绝大多数函数都需由开发者重新编写。然而,面向对象的开发方法在构建软件系统时,可以通过派生已有的类来实现代码的复用。子类不仅继承了父类的数据和方法,还可以很方便地进行扩充和修改。可以这么说,在面向对象软件开发中,对象是一个个的细胞,有自己独立的结构、功能和用途。开发大型软件的过程就是对小"细胞"进行组合的过程。这样就把大型的软件系统拆分成了相对独立的小"模块",从而大大降低了开发的难度和管理的复杂度。

基于面向对象技术开发的软件由于稳定性比较好,当出现需求变更时软件也比较容易修改,因而软件的维护难度也大大降低了。

传统的软件难以维护,另一个重要的原因是整个系统难以理解。尤其是对于比较庞大的系统,需要修改的部分经常比较分散,而人们又很难了解整个软件的全部内容。面向对象符合人类惯有的思维方式,在这种方式下建立起来的软件架构与真实世界基本相同,因而减小了理解的难度,也降低了维护的难度。

由于面向对象开发的软件各个类之间的独立性比较好,在更改时,往往只需要修改类的局部数据或操作,所以比较容易实现。继承和多态机制能够使得对软件修改和扩充时,需要修改或增加的代码大量减少。除此之外,为了保证软件的质量,大量的测试是必需的。基于面向对象技术的软件中,由于类是独立性很强的小模块,因此要完成对类的测试是简单的——创造类对象,进行各种功能的测试即可,调试难度也比较低,因此可维护性较强。

第2章 面向对象软件过程

软件过程给出了为形成最终的软件所需要完成的任务的框架,它包括了整个过程中有哪些任务,每个任务所需要的资源、角色,每个任务需要使用的工具、方法,任务的输入和输出,任务之间的相互关系等。软件过程是影响软件开发的全局性因素,软件过程是否合理将给软件开发带来全面的影响。

不同的软件工程方法学将渗透在软件过程中。软件过程模型是指导软件过程的模板。按照软件过程模型,依据要开发的软件的特点,将形成具体的软件过程。随着软件开发实践的不断积累和学术界的总结,目前出现了不同种类的软件过程模型。

面向对象首先作为一种开发思想而存在,然后面向对象思想与开发活动相结合,产生了面向对象方法,面向对象方法贯穿软件过程的始终,形成了面向对象软件过程。在本章中,我们将简要介绍面向对象方法的发展,并对面向对象分析、面向对象设计、面向对象实现、面向对象测试进行介绍,最后介绍面向对象软件过程的整体流程。

2.1 面向对象方法的发展

在面向对象方法发展的过程中,有几个方法具有较大的影响力,它们是 Grady Booch 提出的面向对象开发方法 OOAD、Ivar Jacobson 的 OOSE 方法和 James Rumbaugh 的 OMT 方法。

1) Grady Booch 的面向对象方法

1986 年,面向对象方法的最早倡导者之一 Grady Booch 提出了面向对象分析与设计方法 (object-oriented analysis and design, OOAD)。Booch 认为开发过程为螺旋上升模式,每一步重复的步骤如下:

(1) 从应用的问题域发现类和对象。

(2) 分析类和对象的功能、行为,确定属性和操作。

(3) 找出类、对象之间的关系。

(4) 说明每个类和对象的实现。

Booch 开发模型包含四种模型:逻辑模型、物理模型、静态模型和动态模型,逻辑模型描述系统的类结构和对象结构,分别用类图和对象图表示;物理模型描述系统的模块结构和进程结构,分别用模型图和进程图表示;静态模型描述系统的静态组成结构;动态模型描述系统执行过程中的行为,用状态图和交互图表示。

2）Ivar Jacobson 的面向对象方法

Jacobson 的面向对象软件工程(object-oriented software engineering，OOSE)方法提出了一种用例驱动的面向对象方法，并提供了相应的 CASE 工具来建立系统分析模型和系统设计模型。OOSE 方法建立面向对象分析模型包含两个步骤：建立用户需求模型和建立系统分析模型。建立面向对象设计模型步骤为：创建模块作为主要的设计对象，创建显示消息传递的交互图，组织模块成子系统和复审设计工作。

3）James Rumbaugh 的面向对象方法

对象模型技术(object mode technology，OMT)方法是由 James Rumbaugh 等提出的。该技术采用对象模型、动态模型和功能模型来描述系统。对象模型描述系统中对象的结构；动态模型描述系统与时间和操作顺序有关的系统特征；功能模型描述与数值变化有关的系统特征。

三者对比，OOAD 比较复杂，适合于面向对象的设计，而对分析的支持不够；OMT 相对简单，适合于分析，而对设计的支持不够；OOSE 中提出了用例的方法，它适合于高层设计。

这三种方法最后进行了融合，加之其他企业的加入，导致了统一建模语言(unified modeling language，UML)的诞生。关于 UML 的具体介绍，我们将在第 3 章给出。

2.2　面向对象分析、设计与实现

2.2.1　面向对象分析

面向对象分析(object oriented analysis，OOA)是运用面向对象的方法进行需求分析，抽取和整理用户需求并建立应用领域的面向对象模型的过程。面向对象分析过程，首先是建模，通常需要建立四种形式的模型：对象(静态)模型、用例(功能)模型、动态行为模型和物理实现模型。这四种模型从不同的角度描述目标系统，相互补充，相互配合，使得人们对系统的认识更加全面。根据所解决的问题类型不同，各模型重要性也不同，其中对象模型是核心，是用例模型和动态行为模型的框架。

1）对象模型

对象模型是面向对象方法中最基础、最核心的模型。该模型主要考虑系统中对象的结构、属性与操作，以及对象之间关系的映射。该模型是对客观世界的对象和对象关系的静态描述，为建立用例模型和动态模型提供了实质性的框架。在 UML 中，对象模型常用类图和对象图来描述。

2）用例模型

用例模型一般从用户需求的角度来描述系统，指明系统应该做什么，描述数据在系统中的变换过程和系统的功能，是整个后续工作的基础，也是测试和验收的依据。在 UML 中，用例模型使用用例图来描述。

3）动态模型

在建立起对象模型之后，需要观察对象的动态行为。所有对象都有自己的生存周期。每个对象在生产周期的每个阶段都有特定的适合的运行规律和行为准则来规范其行为。动态模型可以借助顺序图、通信图、状态图或活动图进行建模。

4）物理模型

物理模型关注的是系统实现过程的建模，常用组件图和部署图表示静态物理实现模型，用交互图和状态图来描述动态实现模型。

2.2.2　面向对象设计

面向对象设计（object oriented design，OOD）是面向对象方法的核心阶段，它建立软件系统的模型。面向对象设计与面向对象分析的建模原则和方法相同，但是面向对象设计模型的抽象层次较低，包含了与具体实现有关的细节。面向对象设计的准则包含模块化、抽象、封装、弱耦合、强内聚和可重用等。

面向对象设计的主要任务是将分析模型转换为设计模型，设计的目标是提高生产效率、质量和可维护性，在面向分析的基础上，考虑如何实现系统。面向对象设计进一步细化为系统设计和对象设计。系统设计是针对整个系统的，主要包含系统高层结构设计、确定设计元素、确定任务管理策略、实现分布式机制、设计数据存储方案和设计 UI 界面六个方面。对象设计是对每个设计对象进行的详细设计，包含组成系统的类、子系统和接口、包等。

2.2.3　面向对象实现

面向对象实现（object oriented implementation，OOI）主要包含两项工作：面向对象编程（object oriented programming，OOP）和面向对象测试（object oriented testing，OOT）。

1）面向对象编程

面向对象编程首先遇到的问题是程序设计语言的选择。根据语言的功能和产生时间，代表性的面向对象编程语言如下：

（1）面向对象兴盛时期（1980—1990 年）：① Smalltalk‐80，纯面向对象语言；② C++，从 C 和 Simula 发展而来；③ Eiffel，从 Ada 和 Simula 发展而来。

（2）框架的出现（1990—现在）：① Visual Basic，简化了 Windows 应用的图像界面（GUI）开发；② Java，Oak 的后续版本；③ Python，面向对象的脚本语言；④ J2EE，基于 Java 的企业级计算框架；⑤ Visual C#，.NET框架下的 Java 的竞争者；⑥ Visual Basic.NET，针对微软.NET 框架的 Visual Basic。

2）面向对象测试

完整的面向对象测试类型包括了面向对象分析测试、面向对象设计测试、面向对象编程测试、面向对象单元测试、面向对象集成测试和面向对象系统测试。

（1）面向对象分析测试。对于一个面向对象系统而言，对象是相对稳定的，关系是相对不稳定的。所以，面向对象分析的测试需要考虑对分析模型中对象、对象关系、对象属性和方法进行测试和确认。

（2）面向对象设计测试。面向对象设计是对面向对象分析的进一步细化和抽象。面向对象设计的测试需要考虑对设计模型中类、类的层次结构、类库进行测试和确认。

（3）面向对象编程测试。面向对象编程阶段是把功能的实现分布在类中。面向对象编程的测试忽略类的实现细则，主要集中在类功能的实现和相应的面向对象程序风格上，主要测试两个方面：数据成员是否满足数据封装的要求和类是否实现了要求的功能。

（4）面向对象单元测试。单元测试是指对类及其实例的测试。最小的可测试单位是封装的类或对象,类包含一组操作和属性,但在面向对象单元测试中,操作和属性作为整体进行测试。

（5）面向对象集成测试。面向对象系统的集成测试主要有两种策略:基于线程的测试和基于使用的测试。基于线程的测试一般应用回归测试,对系统的一个输入或事件所需要的一组类,每个线程被集成并分别测试。基于使用的测试,首先测试那些几乎不依赖其他类的独立类,在独立类测试完成之后,再测试依赖类,直到构造出完整系统。

（6）面向对象系统测试。通过单元测试和集成测试只能保证软件的功能得以实现,但不能保证实际运行时,是否满足用户的需求,因此,规范的系统测试是必要的。系统测试一般尽量搭建与用户实际使用环境相同的测试平台,检测软件是否能够完全再现问题空间。

2.3　面向对象软件开发流程

面向对象软件开发过程可以划分为阶段(stages)。每个阶段又包含许多任务(tasks),每一个任务可以进一步分解为子任务(sub-tasks)。图 2-1 说明了面向对象软件开发过程的组织模式。

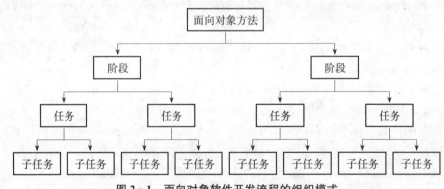

图 2-1　面向对象软件开发流程的组织模式

面向对象软件开发过程通常包含以下阶段:

（1）计划阶段,也称为可行性与计划研究阶段,是软件开发的第一个阶段。在此阶段内,需要确定项目的总体目标和范围,进行可行性分析、制订开发计划、考虑风险,并完成相应文件的编制。

（2）需求定义阶段。此阶段的任务就是获取正确的需求,并通过规范的方式进行需求的表达。在面向对象方法学中,该阶段除了获取需求外,也应该获取领域概念,作为对象识别的依据。

（3）分析阶段。通过分析阶段,开发者对需求有了自己的理解,一方面对需求的正确性、全面性、可行性进行检验,另一方面,建立需求与软件设计之间的桥梁,从而使得后续阶段中软件开发工作能够顺利开展。因此,分析阶段依旧是围绕需求展开的,并不涉及软件设计的细节。

（4）设计阶段。在设计阶段,运用面向对象方法,对类的定义进行细化,并将类组织成组件、子系统。

（5）构造阶段。在设计完成后，构造阶段是根据设计模型"生产"软件系统的过程。在这个阶段，关注的重点是如何高效、高质量地把软件代码编写完成。我们需要确定开发环境、制订编码规范，并按照计划协调各个团队开展工作。

（6）测试阶段。在实际软件开发项目中，软件测试是一个不可缺少的环节，它通过将实际输出与预期输出进行审核或者比较，来揭示软件中存在的缺陷，以便开发者进行改进。由于不可能执行所有的情况，因此通过设计一些测试用例希望它们能够尽可能多地揭露软件中存在的缺陷。同时，由于测试的时间和费用有限，我们也需要认真规划测试过程，使测试达到的效果最好。

（7）交付阶段。经过努力开发完成软件后，整个项目并非结束了。开发出来的软件必须使得用户满意才意味着项目的成功。因此，交付阶段就是使用户能够满意地应用上软件的过程。

（8）总结阶段。在一个软件成功交付后，除了按照约定提供维护服务外，还需要对这个软件项目进行总结，以分析此软件项目过程中成功的经验、失败的教训，这样才可以不断提高软件开发项目的实施水平。

2.4　统一开发过程——RUP

本书 2.3 节中介绍的是一种瀑布方式来组织开发过程的方法。除了这种比较传统的方法外，还有强调原型迭代的方法。其中，RUP(rational unified process)就是迭代化开发方法的代表。

RUP 是由 Rational 公司提出的软件工程方法，可以与 UML 良好的集成。它采用二维开发模型，由软件生命周期和 RUP 的核心工作流构成的一个二维空间，如图 2-2 所示。

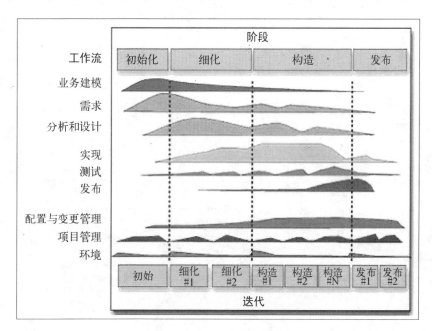

图 2-2　RUP 中的工作流

其中，横轴为时间轴，从组织管理者的角度来描述整个软件的开发生命周期，是 RUP 的动态组成部分。RUP 把软件开发周期划分为四个阶段：初始化、细化、构造和发布。纵轴表示核心工作流。工作流描述了一个有意义的连续的行为序列。RUP 中的 9 个核心工作流为业务建模、需求、分析和设计、实现、测试、发布、配置与变更管理、项目管理及环境。前六个为核心过程工作流，后三个为核心支持工作流。

在每个阶段，都将围绕用例展开多轮迭代。在每一次迭代中都将涉及各个工作流中的活动，产生交付物甚至是可验证的原型。当然，在不同阶段中，涉及各个工作流的比重是有区别的。图 2-2 中每个工作流对应的波浪线就反映了在不同阶段中的工作量比例。

第3章　统一建模语言

面向对象的分析与设计(OOAD)方法的发展在 20 世纪 80 年代末至 90 年代中出现了一个高潮。从 1989 年到 1994 年,其数量从不到十种增加到了五十多种。包括 Booch86、GOOD(通用面向对象的开发)、HOOD(层次式面向对象的设计)、OOSD(面向对象的结构设计)等一批 OOD(面向对象的设计或面向对象的开发)相继出现。

在面向对象方法学的应用与推广的过程中,急需要采用统一的方式进行相关概念和方案的表达。在此过程中,统一建模语言(unified modeling language,UML)就应运而生了。UML 得到了软件行业的广泛认可,因此,已经成为标准的建模语言。

本章对 UML 进行了综述,在后续章节中,也将结合各个阶段的具体工作,进一步介绍相关的 UML 模型。

3.1　UML 简介

3.1.1　UML 产生与发展

随着面向对象方法学的流行,截至 1994 年,公开发表并具有一定影响的 OOAD 方法已达 50 多种,Rational 公司的 Grady Booch 和 James Rumbaugh 决定将各种方法结合起来成为一种方法,并于 1995 年 10 月发布了第一个版本,称作统一方法(Unified Method 0.8)。OOSE 的作者 Ivar Jacobson 后来也加入了公司,于是也参加了统一行动,发布了第二个版本 UML0.9。鉴于统一行动的产物是一种建模语言,而不是一种建模方法,因此称为统一建模语言。在此过程中,由 Rational 公司发起成立了 UML 伙伴组织,开始有 12 家公司参加,共同推出了 UML1.0 版,并在 1997 年 1 月提交给对象管理联盟(Object Management Group,OMG)。把其他几家各自向 OMG 提交提案的公司纳入进来后,1997 年 11 月推出了 UML1.1 版。UML 不仅统一了 Booch、Rumbaugh 和 Jacobson 的表示方法,而且对其做了进一步的发展,支持面向对象的技术和方法,并最终统一为大众所接受的标准建模语言。

UML 还在继续发展之中,UML2.4.1 被国际标准化组织 ISO 接纳为 2012 年的新标准。目前 UML 的最新版本已经到 UML2.5。

3.1.2 UML 是什么

UML 是为软件系统的制品进行描述（specifying）、可视化（visualizing）、构造（constructing）、文档化（documenting）的一种语言。它同样适用于商业模块和其他非软件系统。在大型和复杂系统的建模中，UML 成功地描述了一些优秀的工程实施。UML 是 OOAD 最主要的工具。

3.2 UML 与软件体系结构

3.2.1 软件体系结构

为了可以更好地表达不同的软件开发人员在软件开发周期的不同时期看待软件产品的不同侧重面，需要对模型进行分层。UML 根据软件产品的体系结构（architecture）对软件进行分层。

软件体系结构包含如下内容：

（1）软件系统的组织。

（2）构成软件系统的结构元素的结构及它们之间的接口。

（3）结构元素的行为及元素之间的协同（collaboration）。

（4）结构元素不断组合以构成日渐完备的子系统的过程。

（5）指导软件建造过程的软件构筑风格（architectural style）以及静态和动态元素之间的接口、协同、构成（composition）。

软件体系结构不仅仅决定软件的结构和行为，而且还决定软件的用途、功能、性能、应变性（resilience）、可重用性、经济和技术方面的限制和折中，以及美学考虑（aesthetic concern）。

3.2.2 UML 五大视图

UML 将软件的体系结构分解为五个不同的侧面，称为视图（view）。如图 3-1 所示，五个视图分别是用例视图（use case view）、设计视图（design view）、进程视图（process view）、实现视图（implementation view）和部署视图（deployment view）。其中设计视图和进程视图又统一称为逻辑视图（logical view）。

每个视图分别关注软件开发的某一侧面。视图由一种或多种模型图（diagram）构成。模型图描述了构成相应视图的基本模型元素（element）及它们之间的相互关系。

1）用例视图

用例视图（use case view）用来支持软件系统的需求分析，它定义了系统的边界，关注的是系统外部功能的描述。它从系统的使用者的角度，描述系统外部的静态的功能和动态行为。系统的动态行为可以由 UML 中的交互图（interaction diagram）、状态

图 3-1 软件体系结构的五种视图

图(state-chart diagram)和活动图(activity diagram)三种模型图来描述。

2）逻辑视图

逻辑视图(logical view)包含设计视图和进程视图,其定义系统的实现逻辑,描述了为实现用例图描述的功能以及在对软件系统进行设计时所产生的设计概念(又称软件系统的设计词汇,vocabulary)。逻辑视图定义了设计词汇的逻辑结构、存在于它们之间的语义联系以及设计词汇包括系统的类/协同/接口及其关系。

对逻辑视图的描述在原则上与软件系统的实现平台无关。它相当于电子产品生产中的电原理图。逻辑视图包含的模型图有：类图(class diagrams)、对象图(object diagrams)、交互图、状态图和活动图。

3）实现视图

当系统的逻辑结构在逻辑视图里定义之后,需要定义逻辑结构的物理实现,比如设计元素对应的源代码文件、各物理文件之间的关系、存放路径等。实现视图(implementation view)就是定义这些内容的地方,它相当于电子产品的印刷电路板的布线图。实现视图描述组成一个软件系统的各个物理部件,这些部件以各种方式组合起来(如不同的源代码经过编译,构成一个可执行系统;或者不同的软件组件配置成为一个可执行系统;以及不同的网页文件以特定的目录结构组成一个网站等),构成了一个可实际运行的系统。

实现视图包含的模型图有：部件图(component diagram)、交互图、状态图和活动图。

4）部署视图

软件产品将运行在计算机硬件系统上,如果软件产品是面向网络的应用系统,则有可能同时运行在多个计算机上。部署视图(deployment view)用来描述软件产品在计算机硬件系统和网络上的安装、分发(delivery)、分布(distribution)。在部署视图中,系统的静态特性可以通过部署图来描述,动态特性的描述用交互图、状态图和活动图来描述。

3.3 UML 的构成

作为 UML 完整的概念模型,UML 的构成包括其成员和建模规则,即

UML＝UML 成员＋UML 建模规则

UML 的成员包含了模型元素(model element)、模型图(diagram)和公共机制(common mechanism),即

UML 成员＝模型元素＋模型图＋公共机制

3.3.1 UML 模型元素

UML 模型元素,类似于电子产品原理图里的集成电路符号,是模型图上包含的基本符号。基本模型元素可分为四类：结构模型元素(structural element)、行为模型元素(behavioral element)、成组模型元素(grouping element)和注解元素(annotational element),即

UML 模型元素＝结构模型元素＋行为模型元素＋成组模型元素＋注解元素

1) 结构模型元素

结构模型元素(structural element)(基础包)是 UML 模型里的名词,是模型的静态组成部分,代表软件系统概念的或物理的存在。例如:类是最常用的一个结构模型元素,代表一系列共享同样的属性(attributes)、操作(operation)、关系和语义的对象(objects)。

UML 模型的静态组成部分不是孤立存在的,它们组合在一起互相协作以完成某项任务。因此,结构模型元素之间存在着某种语义上的联系。在 UML 中,这种联系是关系(relationship)。UML 中共有 4 种关系:关联关系(association)、依赖关系(dependency)、泛化关系(generalization)和实现关系(realization)。

2) 行为模型元素

行为模型元素(behavioral element)(行为元素包)是 UML 模型的动态组成部分,它是模型的动词,代表软件系统在空间和时间上的行为。行为模型元素包括两类:交互(interaction)和状态机(state machine)。

3) 成组模型元素

在为复杂的软件系统建模的时候,将大的问题分解为多个子问题分别描述和解决,这就是分治原则。UML 提供了支持分治原则的语言成分,即成组模型元素(grouping element)(模型管理包)。成组模型元素只有一类,即模型包(package),模型包是一个通用的手段,用来组织多种语言成分,其中可包含:结构模型元素、行为模型元素和成组模型元素自身。模型包是纯概念性的,只存在于软件系统的开发阶段。

4) 注解元素

注解大量存在于机械图和电子线路图中,用来标示产品的工艺要求等。UML 中也存在着相似的语言成分,这就是注解元素(annotational element),它只有一种,即标注(note)。标注用来描述施加于一个或多个模型元素的限制,或对模型元素的语义加以说明。标注的图形表示为一个折了角的长方形,在长方形中写标注的内容。标注的内容可以是形式的文本,或非形式的文本,甚至可以是图形。

3.3.2 UML 模型图

UML 基本模型元素及其关系必须通过某种载体表示,这种载体就是模型图(diagram)。在 UML 中,模型图是一组 UML 基本模型元素的图形表示,它通常由一组节点(UML 基本模型元素),及节点之间的连线(关系)组成。一般地说,一个 UML 基本模型元素既可以出现在所有的模型图中,又可以出现在某些模型图中,甚至可以不在任何一个模型图上出现。模型图可以表达软件系统体系结构的五个视图的内容,详细的模型图介绍见 3.4 和 3.5 章节。

3.3.3 公共机制

在模型图上对 UML 成员进行描绘时,存在着共同的描绘方式,它们称为 UML 公共机制(UML common mechanism)。使用公共机制,可以使得建模的过程易于掌握,模型易于理解。公共机制可分解为四个方面的内容:规格说明(specification)、通用划分(common division)、修饰(adornment)和扩展机制(extensibility)。即

UML 公共机制＝规格说明＋通用划分＋修饰＋扩展机制

1）规格说明

规格说明体现了 UML 规则的省略性原则。模型图可以省略某些不重要的内容，但是另一方面，软件模型必须是完备的，以便于软件系统的建造，这就意味着此模型必须具备足够的详细信息以供软件建造之用，这些构成一个完备模型的详细信息就是模型的规格说明（specification）。所有 UML 模型元素都包含规格说明。在模型图上省略的内容并不代表它不存在于模型之中，模型完整的或完备的信息可以保存在模型的规格说明中。

2）通用划分

在面向对象的设计中，有许多事物可以划分为抽象的描绘（class）和具体的实例（instance）。UML 提供了事物的两分法（dichotomy）表达。几乎每种 UML 成员都有这种类/对象的两分法划分，通常对象和类使用同样的图符，在对象的名字下面加下划线以示区别。还有一种两分法是接口和实现的两分法划分：接口定义了一种协议，实现是此协议的具体实施方法。UML 里这样的接口/实现两分法划分包括：接口/类或组件、用例和协同、操作和方法。

3）修饰和扩展机制

UML 提供了一系列图形化的标准建模元素，可用于描述软件系统的大多数侧面的特性。但也有可能在某些情形下，由于应用领域特殊性，标准的 UML 建模元素，无法完整而准确地描述软件系统的分析和设计，这时，需要对 UML 的标准建模元素进行扩充，以提高模型的表达能力。UML 的修饰和扩展机制就是为这个目的而设置的。

标注是 UML 修饰机制的一个重要组成部分。当用 UML 的各种建模元素为软件系统建模时，将遇到关于这些建模元素的复杂的语法、语义、原理、约束、注释等，这些内容对表达问题的某一方面很重要，但又无法通过标准建模元素完整地表达。这时，可以使用标注对这些建模元素进行附加说明，例如在使用序列图描述一组对象间的交互时，其中的消息的语义、语法无法在消息的名字字串内完整地表达时，可以用标注的方法进行直观地说明。

在 UML 中，标注定义为 UML 的一个图形表示，它用来描述对一个或一组 UML 建模元素的约束或注释。标注可以作用于任何 UML 建模元素（如类目、对象、关系、消息等），用于对此建模元素的各方面的特性作补充说明、表示设计分析过程中产生的假设和决定等。标注的内容对被标注的建模元素没有任何语义上的影响，它只起到增强模型可读性的作用。

3.4　UML 建模规则

UML 的模型图不是 UML 成员的简单堆砌，而是按特定的规则有机地组合而成，从而构成一个完备的 UML 模型图。一个完备的 UML 模型图（well-formed UML diagram）在语义上是一致的。

UML 建模规则包括：

（1）名字：任何一个 UML 成员都必须包含一个名字。

（2）作用域：UML 成员所定义的内容起作用的上下文环境。

(3) 可见性：UML 成员能被其他成员引用的方式。

(4) 完整性：UML 成员之间互相连接的合法性和一致性。

(5) 运行属性：UML 成员在运行时的特性。

完备的 UML 模型必须对以上的内容给出完整的解释，当用于软件系统的建造时，UML 模型必须是完备的，但是当模型在不同的视图中出现时，出于不同的交流侧重点，其表达可以是不完备的。

UML 有两套建模机制：静态建模机制和动态建模机制。静态建模机制包括用例图、类图、包图、对象图、组件图和部署图等；动态建模机制包含状态图、活动图、序列图、通信图、交互概览图和时间图等。

3.5　静态建模机制模型图

3.5.1　用例图(use case diagram)

使用用例捕获系统功能需求，代表了从用户角度出发的应用系统的功能。用例图是用例的可视化表示。用例图主要包含参与者、用例及他们之间的关系。

参与者中的角色(actor)，可以是人也可以是事物。若用例执行的动作由参与者引起，则这个参与者称为主参与者，放在用例的左侧；若参与者帮助用例完成动作，则这个参与者称为次参与者，通常放在用例的右侧。用例是用户与计算机的一次交互。参与者通过关联与用例发生作用，关联用一条线段表示。

用例之间的关系用带有箭头的虚线表示，有扩展、包含两种依赖关系以及泛化关系。以教室预订系统为例，系统的用例图如图 3-2 所示。中间的椭圆形代表了系统的用例，它们之间

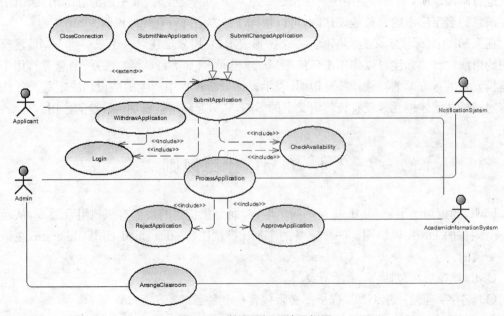

图 3-2　教室预订系统用例图

存在包含关系。Applicant 和 Admin 是引发用例执行的主参与者，NotificationSystem 和 Academic InformationSystem 是辅助用例完成的次参与者。

3.5.2 类图（class diagram）

类图用于描述系统中的对象类型以及存在于它们之间的各种静态关系。类图也展示类的性质和操作，以及应用于对象连接方式的约束。性质（property）代表类的结构特性，有两种表示：属性和关联。属性（attribute）把性质描述成为类方框中的一行文本。关联（association）是一根两个类之间的实线，方向从源类到目标类，关联的名称以及多重性放在关联的目标端。图 3-3 给出了教室预订系统中类图的部分片段。

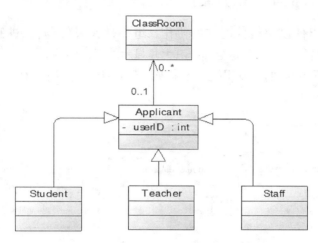

图 3-3　教室预订系统的类图片段

3.5.3 包图（package diagram）

包是一种分组结构，最常见的用法是组织类。包图的主要元素是包、它们的可见性和它们的依赖关系。在 UML2.0 中，包的表示方法为左上角带有标签的文件夹，使用双冒号来表示所属包的名称。图 3-4 为包图的示例。

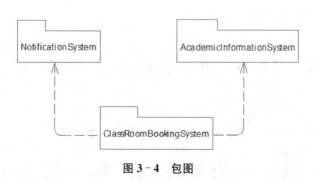

图 3-4　包图

3.5.4 对象图（object diagram）

对象图用来说明系统中某一时刻存在的对象以及对象之间的关系。对象图是某时间点上的对象在系统中的快照。由于对象图展示的是实例而不是类,也称作实例图。对象图的表示与类图相似,不同的是对象名称下面带有下划线,每个名称的形式一般为"实例名:类名",两个部分都可选,若只包含类名,则必须包含冒号。图3-5展示了对象图的例子。

图3-5 对象图

3.5.5 组件图(component diagram)

组件图描述了组件以及组件之间的协作。组件是代表代码、二进制的物理模块。在UML2.0中组件的名称和分类器是矩形框右上角显示的组件图标。

在软件开发过程中,我们可以用组件图来表达架构的逻辑分层和划分方式。图3-6展示了教室预订系统的组件图。

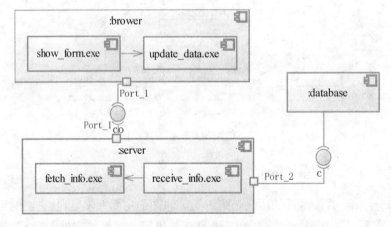

图3-6 组件图

3.5.6 部署图(deployment diagram)

部署图用于描述系统硬件的物理拓扑结构以及在此结构上运行的软件。部署图包含三个基本元素:制品(artifact)、节点(node)和它们之间的连接(association)。

1)制品

制品是软件中的具体文件,这些文件可以是可执行的(比如.exe文件、DLL或JAR文件),或数据文件、配置文件、HTML文档等。制品用类方框来表示。

2)节点

节点是一种计算资源,通常包含存储和处理能力。制品部署在节点上执行。节点可以包含其他节点,以表示它复杂的执行能力。节点分为两种类型:设备和执行环境。设备是提供计算能力的硬件,例如计算机或者路由器等。执行环境是软件,用于部署特定的执行工件,如Database,执行环境通常以设备作为宿主。

3）连接

节点之间的连接表示系统之间进行交互的通信路径，连接上可以指明网络协议。图 3 - 7 是教室预订系统的部署图，包含了节点、节点实例以及它们之间的连接。

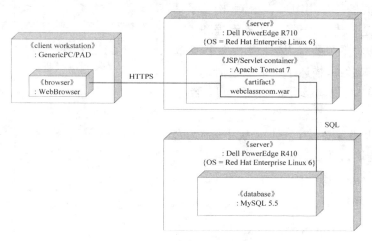

图 3 - 7　教室预订系统部署图

3.6　动态建模机制模型图

3.6.1　状态图(statechart diagram)

状态是对对象属性值的一种抽象，各个对象之间的相互作用引起了一系列的状态变化。状态图是通过对象的生命周期建立来刻画对象随着时间变化的状态行为。状态图由表示状态的节点和表示状态之间转换的带箭头的直线组成，表现从一个状态到另一个状态的控制流。状态图的组成包含状态、转换、初始状态、终止状态以及判定。

状态由一个圆角矩形表示。初始状态是一个实心的圆，一个状态图只能包含一个初始状态，终止状态是用套有实心圆的空心圆表示，一个状态图可以包含多个终止状态。状态图中的判定用空心菱形表示。图 3-8 是教室的状态图的例子。

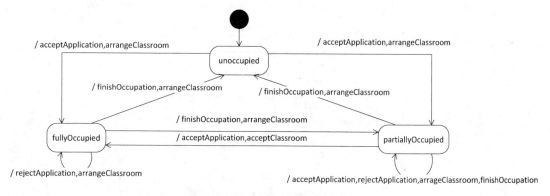

图 3 - 8　教室的状态图

3.6.2 活动图(activity diagram)

活动是某事件正在进行的状态。将各种活动以及它们之间的转换用图形表示,就构成了活动图。活动图是描述过程逻辑、业务流程和工作流的技术,能够对系统的行为建模。活动图是状态图的一种特殊形式,描述了从活动到活动的控制流。与状态图类似,活动图也包含起点、终点和判定。

活动图的图形表示中,条件行为用分支与合并表达(空心菱形),并发控制流用分叉与汇合表达(加粗的水平线)。图3-9表示了教室预订系统中的一个活动图。

3.6.3 顺序图(sequence diagram)

顺序图是一种强调时间顺序的交互图(interaction diagram),其展示用例内部的许多对象以及这些对象之间传递的消息。其中对象沿

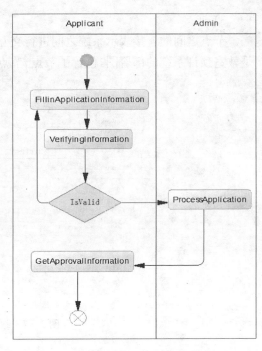

图3-9 教室预订系统的活动图

横轴方向排列,消息沿纵轴方向排列。如图3-10所示的教室预订系统的顺序图。顺序图中的对象生命线是一条垂直的虚线,表示对象在一段时间内存在。由于顺序图中大多数对象都

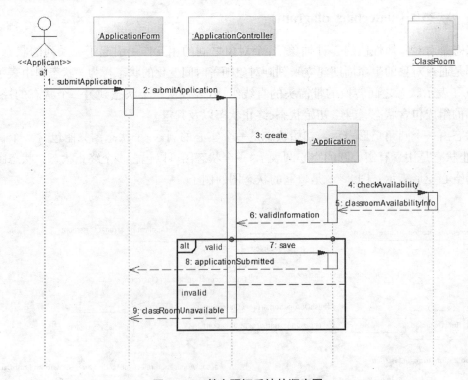

图3-10 教室预订系统的顺序图

存在于整个交互过程中,因此对象全部排在图的顶部,生命线从图的顶部画到图的底部。每个对象下方有一个矩形条,表示对象的控制焦点。

需要注意状态图与顺序图的差别。状态图针对的是单个类,刻画了类的对象在整个生命期内可能历经的状态变化。顺序图针对的是多个类的对象,它们协作完成整个用例流程。

3.6.4 通信图(communication diagram)

在 UML2.0 之前的版本,通信图称为协作图(collaboration diagram)。通信图也是交互图的一种,与序列图类似,也是描述对象或者类之间的关联以及消息通信。但是序列图强调的是交互的时间次序,而通信图强调的是交互的空间结构,侧重于对象在参与具体的交互时,对象之间的数据链接。两者在语义上是等价的,可以相互转换。

通信图的构成主要涉及对象、链接和消息三部分。与顺序图不同的是,通信图把每个参与者画成生命线并按垂直方式展示消息序列,通信图是允许自由放置参与者,通过画链接来展示参与者如何链接,并使用编号来展示消息序列。

图 3-11 展示了与图 3-10 同一用例的通信图。

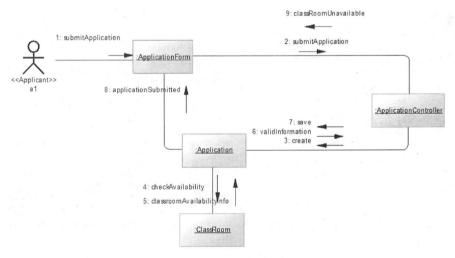

图 3-11 教室预订系统的通信图

3.6.5 其他图

在 UML2.0 中还提供了另外的模型图,即交互概览图(interaction overview diagram)和时间图(time diagram)。

交互概览图是活动图和交互图的结合,目标是概述交互元素之间的控制流。交互概览图的主要元素是框、控制流元素和交互图元素。交互概览图以活动图作为主线,即图的主体是活动图,活动图中的部分节点可以是一个交互片段,该片段可以展开为交互图。

时间图也是一种交互图,其焦点是针对单个对象或一组对象的时间约束。在 UML2.0 中时间图的许多元素也出现在其他 UML 模型图中,如生命线、对象、状态、消息等。时间图利用了 UML 的元素,以一种不同的组织方式呈现给用户。对于图中的每个对象,时间图有一条或多条生命线。

3.7 典型的 UML 建模工具

目前比较有影响力的 UML 建模工具有 Sybase PowerDesigner、Microsoft Visio、IBM Rational Rose 和 StarUML 等。本节简单介绍这几种 UML 建模工具。

3.7.1 Sybase PowerDesigner

PowerDesigner 是一款功能强大的集成化建模工具。在最新版本的 PowerDesigner16.5 中完善了企业架构建模功能,图 3-12 为 PowerDesigner 的界面。在 PowerDesigner16.5 中支持了 12 种 UML 模型图:用例图、类图、组合结构图、对象图、包图、组件图、部署图、通信图、序列图、状态图、活动图和交互概览图。

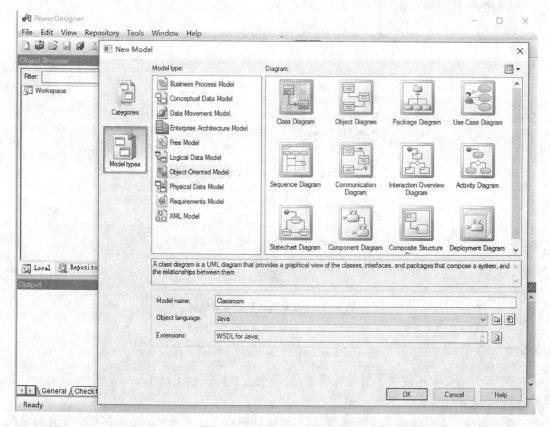

图 3-12　PowerDesigner 界面

3.7.2 Microsoft Visio

Visio 是 Microsoft 公司的产品,是一种绘图软件。在 Visio 2002 之后的版本,开始支持 UML 语言,可以作为面向对象的可视化建模工具,图 3-13 是 Visio 2013 版本所支持的 UML 建模的界面。用 Visio 进行建模的缺点是其所支持的 UML 模型图比较少。

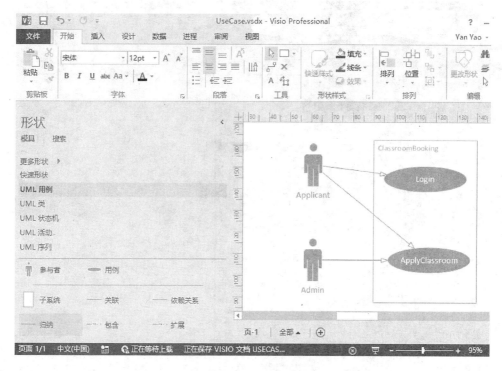

图 3 - 13   Visio 2013 界面

3.7.3   Rational Rose

Rational Rose 是美国 Rational 公司的面向对象建模工具,利用这个工具可以建立用 UML 描述的软件系统的模型,而且可以自动生成和维护 C++、Java、VB、Oracle 等语言和系统的代码。Rose 是个菜单驱动应用程序,用工具栏帮助我们使用常用特性。如图 3 - 14 所示,它的界面分为三个部分：Browser 窗口、Diagram 窗口和 Document 窗口。Browser 窗口用来浏览、创建、删除和修改模型中的模型元素;Diagram 窗口用来显示和创作模型的各种图;而 Document 窗口则是用来显示和编写各个模型元素的文档注释。

3.7.4   StarUML

StarUML(简称 SU)是一款由韩国公司主导开发的开源的 UML 开发工具,官方网站为：http://staruml. io。StarUML 不仅包含 Rationl Rose 所具有的功能全面、满足所有建模环境需求能力和灵活性等特点,还具有发展快、轻便、客户安装性强等特性。此外,StarUML 可以读取 Rational Rose 生成的文件,让 Rose 用户转而免费使用 StarUML。

在 StarUML 中,项目是基本的管理单位,一个项目可以管理一个或者多个软件模型。项目可以保存在一个以.xml 或者.uml 为扩展名的文件中,该文件包含了项目中所有模型(model)、视图(view)和图(diagram)的信息。StarUML 提供了类图、用例图、顺序图、通信图、状态图、活动图、组件图、部署图和组合结构图等 11 种模型图的绘制方法。图 3 - 15 给出了 StarUML 5.0 版本的功能界面。

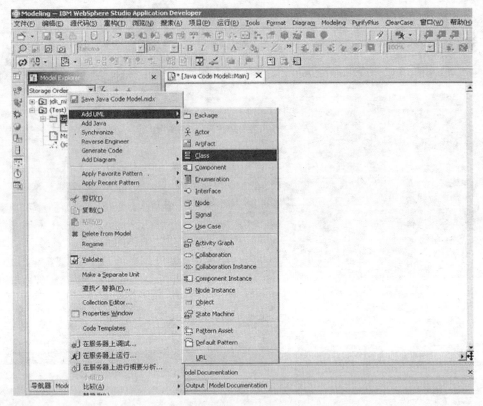

图 3 - 14　Rational Rose 界面

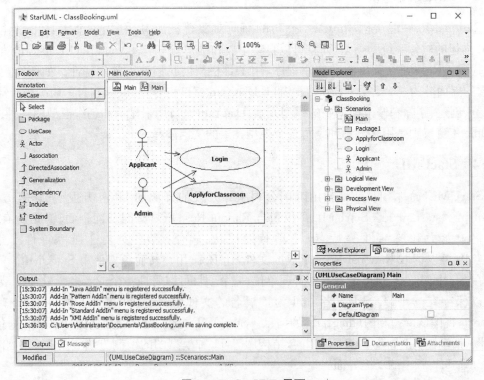

图 3 - 15　StarUML 界面

第4章 计划阶段

计划阶段,或者称为可行性与计划研究阶段,是软件工程项目经历的第一个阶段。在此阶段内,需要确定项目的总体目标和范围,进行可行性分析、制定开发计划、考虑风险,并完成相应文件的编制。在计划阶段,应该综合考虑与项目相关的各个因素,做出合理的评估和计划,这样才能够进行正确的决策,项目计划也才有指导性。在现实中,许多项目在开发过程中"计划"成为没有价值的文件,整个开发过程陷入盲目执行的境地,这都是因为计划无法起到指导性作用造成的。然而,要制定合理的计划必须建立在对项目深入理解的基础上,但是,由于项目尚未真正开始,在计划阶段对项目的理解就不可能全面而深入,这就形成了一个矛盾。为了解决此矛盾,在项目开展过程中,计划并非是一次性完成的。在计划阶段,将根据对项目的初步了解完成可行性研究、项目计划等工作。随着实际项目的开展,将可能再次进行可行性评估,而项目计划也会进一步细化,特别是分阶段对当前要开展的任务进行详细计划,因此形成了一种滚动计划的模式。

4.1 计划阶段的主要内容

在计划阶段,需要回答几个关键性问题,包括:"项目是否值得去做""项目能在给定的预算和时间内完成吗?""项目如何去做""项目中可能遇到的问题是什么?"。回答这些问题可以通过一系列步骤进行,计划阶段中包括以下具体事项:

(1) 分析项目是否可行。

(2) 确定项目范围和目标:① 确定目标和这些目标的衡量方法;② 选择项目的责任人;③ 确定项目所有的涉及人员和他们的兴趣;④ 根据对项目涉及人员的分析修改目标;⑤ 建立各方通信的渠道。

(3) 分析项目特征:① 分析项目的特征;② 确定高层次的项目风险;③ 考虑用户有关实现方面的需求;④ 选择一般的生命周期方法;⑤ 检查估计的资源。

(4) 确定项目产品和活动:① 确定和描述项目产品(或交付物);② 确定任务;③ 建立项目计划模型。

(5) 确定活动风险:① 识别和量化活动风险;② 制定风险降低方法和紧急处理手段;③ 在考虑风险的基础上调整计划和估计。

(6) 分配资源:① 确定和分配资源;② 在考虑资源约束的情况下修改计划。

（7）发布计划。上述工作将主要体现在如下三个文件中，在接下来的小节中详细介绍：① 可行性研究报告；② 项目开发计划；③ 风险列表。

4.2　可行性研究

4.2.1　进行可行性研究的目的与方法

可行性研究过程，也称为项目论证过程，是指在投入资源进行项目开发之前，根据实际情况，对该项目是否值得开发、项目是否能在特定的资源和时间条件下完成作出评估。可行性研究的重点不在于项目如何完成，而在于项目是否值得完成，是否能够完成。

可行性研究主要需要考虑技术可行性、经济可行性和社会可行性三个方面。进行可行性研究的过程可大致参考如下几个步骤：

（1）明确系统目标与资源限制。

（2）分析研究现有系统。

（3）对比新系统与现有系统。

（4）分析新系统的可能实现方案并进行比较。

（5）编写可行性研究报告。

4.2.2　可行性研究报告的编写方法

可行性报告中涉及的重要部分以及相应的编写方法如下：

4.2.2.1　可行性研究的前提

说明对所建议的开发项目进行可行性研究的前提，如要求、目标、假定、限制等。任何可行性研究都是建立在一定的前提基础上的。

1）要求

说明对所建议开发的软件的基本要求，包括在功能和性能方面的要求。

在可行性报告中，对功能的表述一般用文字表达，也可以用用例的方式加以表述。为了进一步刻画功能，可以画交互图或者活动图来体现业务逻辑，也可以画数据流程图来表示业务逻辑。

在性能表示方面，通过文字描述速度、安全性、与其他系统集成等要求。

如果对项目有明确的完成期限，也将其列出。

对于整个系统将说明其输入和输出数据。输入描述系统的输入，包括数据的来源、类型、数量、数据的组织以及提供的频度；输出包括报告、文件或数据，对每项输出要说明其特征，如用途、产生频度、接口以及分发对象等。

2）目标

说明所建议系统的主要开发目标，如：人力与设备费用的减少；处理速度的提高；控制精度或生产能力的提高；管理信息服务的改进；自动决策系统的改进；人员利用率的改进。

这些目标都是希望通过开发软件系统所要达成的业务目标。

3）条件、假定和限制

说明对这项开发中给出的条件、假定和所受到的限制，如：所建议系统的运行寿命的最小值;进行系统方案选择比较的时间;经费、投资方面的来源和限制;法律和政策方面的限制;硬件、软件、运行环境和开发环境方面的条件和限制;可利用的信息和资源;系统投入使用的最晚时间。

4) 进行可行性研究的方法

说明这项可行性研究将是如何进行的,所建议的系统将是如何评价的。摘要说明所使用的基本方法和策略,如调查、加权、确定模型、建立基准点或仿真等。

5) 评价尺度

说明对系统进行评价时所使用的主要尺度,如费用的多少、各项功能的优先次序、开发时间的长短及使用中的难易程度等。

4.2.2.2 对现有系统的分析

这里的现有系统是指当前实际使用的系统,这个系统可能是计算机系统,也可能是一个机械系统甚至是一个人工系统。分析现有系统的目的是为了进一步阐明建议中的开发新系统或修改现有系统的必要性。

1) 处理流程和数据流程

说明现有系统基本的处理流程。此流程可用交互图和活动图表示,也可以用数据流图表示。

2) 工作负荷

列出现有系统所承担的工作及工作量。

3) 费用开支

列出由于运行现有系统所引起的费用开支,如人力、设备、空间、支持性服务、材料等项目开支以及开支总额。

4) 人员

列出为了现有系统的运行和维护所需要的人员的专业技术类别和数量。

5) 设备

列出现有系统所使用的各种设备。

6) 局限性

列出本系统主要的局限性,例如,处理时间赶不上需要,响应不及时,数据存储能力不足,处理功能不够等。并且要说明,为什么对现有系统的改进性维护已经不能解决问题。

4.2.2.3 所建议的系统

用来说明所建议系统的目标和要求如何满足。

1) 对所建议系统的说明

概括地说明所建议系统,并说明在 4.2.2.1 节中列出的那些要求将如何得到满足,说明所使用的基本方法及根据。

2) 处理流程和数据流程

给出所建议系统的处理流程和数据流程。

3) 改进之处

按列出的目标,逐项说明所建议系统相对于现存系统具有的改进。

4) 影响

说明在建立所建议系统时,预期将带来的影响,包括:

（1）对设备的影响：说明新提出的设备要求及对现存系统中尚可使用的设备须做出的修改。

（2）对软件的影响：说明为了使现存的应用软件和支持软件能够同所建议系统相适应。而需要对这些软件所进行的修改和补充。

（3）对用户单位机构的影响：说明为了建立和运行所建议系统，对用户单位机构、人员的数量和技术水平等方面的全部要求。

（4）对系统运行过程的影响：说明所建议系统对运行过程的影响，如：用户的操作规程；运行中心的操作规程；运行中心与用户之间的关系；源数据的处理；数据进入系统的过程；对数据保存的要求，对数据存储、恢复的处理；输出报告的处理过程、存储媒体和调度方法；系统失效的后果及恢复的处理办法。

（5）对开发的影响：说明对开发的影响，如：为了支持所建议系统的开发，用户需进行的工作；为了建立一个数据库所要求的数据资源；为了开发和测验所建议系统而需要的计算机资源；所涉及的保密与安全问题。

（6）对地点和设施的影响：说明对建筑物改造的要求及对环境设施的要求。

（7）对经费开支的影响：扼要说明为了所建议系统的开发、设计和维持运行而需要的各项经费开支。

5）局限性

说明所建议系统尚存在的局限性以及这些问题未能消除的原因。

6）技术条件方面的可行性

本节应说明技术条件方面的可行性，如：在当前的限制条件下，该系统的功能目标能否达到；利用现有的技术，该系统的功能能否实现；对开发人员的数量和质量的要求并说明这些要求能否满足；在规定的期限内，本系统的开发能否完成。

4.2.2.4 可选择的其他系统方案

扼要说明曾考虑过的每一种可选择的系统方案，包括需开发的和可从国内国外直接购买的，如果没有供选择的系统方案可考虑，也说明这一点。

1）可选择的系统方案1

参照前一部分的提纲，说明可选择的系统方案1，并说明它未被选中的理由。

2）可选择的系统方案2

按类似1）的方式说明第2个乃至第 n 个可选择的系统方案。

4.2.2.5 投资及效益分析

1）支出

对于所选择的方案，说明所需的费用。如果已有一个现存系统，则包括该系统继续运行期间所需的费用。

（1）基本建设投资：包括采购、开发和安装下列各项所需的费用，如：房屋和设施；硬件设备，包括服务器、存储、移动设备等；网络设施；环境保护设备；安全与保密设备；操作系统和应用软件；数据库管理软件。

（2）其他一次性支出：包括下列各项所需的费用，如：研究（需求的研究和设计的研究）；开发计划与测量基准的研究；数据库的建立；已有软件的修改；检查费用和技术管理性费用；培训费、旅差费以及开发安装人员所需要的一次性支出；人员的退休及调动费用等。

（3）非一次性支出：列出在该系统生命期内按月或按季或按年支出的用于运行和维护的

费用,包括:设备的租金和维护费用;软件的租金和维护费用;数据通信方面的租金和维护费用;人员的工资、奖金;房屋、空间的使用开支;公用设施方面的开支;保密安全方面的开支;其他经常性的支出等。

2) 收益

对于所选择的方案,说明能够带来的收益,这里所说的收益,表现为开支费用的减少或避免、差错的减少、灵活性的增加、动作速度的提高和管理计划方面的改进等,包括以下几项:

(1) 一次性收益:说明能够用人民币数目表示的一次性收益,可按数据处理、用户、管理和支持等项分类叙述,如:① 开支的缩减包括改进了的系统运行所引起的开支缩减,如资源要求的减少,运行效率的改进,数据进入、存贮和恢复技术的改进,系统性能的可监控,软件的转换和优化,数据压缩技术的采用,处理的集中化/分布化等;② 价值的增升包括由于一个应用系统的使用价值的增升所引起的收益,如资源利用的改进,管理和运行效率的改进以及出错率的减少等;③ 其他收益如从多余设备出售回收的收入等。

(2) 非一次性收益:说明在整个系统生命期内由于运行所建议系统而导致的按月的、按年的能用人民币数目表示的收益,包括开支的减少和避免。

(3) 不可定量的收益:逐项列出无法直接用人民币表示的收益,如服务的改进,由操作失误引起的风险的减少,信息掌握情况的改进,组织机构给外界形象的改善等。有些不可确定的收益只能大概估计或进行极值估计(按最好和最差情况估计)。

3) 收益/投资比

求出整个系统生命期的收益/投资比值。

4) 投资回收周期

求出收益的累计数开始超过支出的累计数的时间。

5) 敏感性分析

所谓敏感性分析是指一些关键性因素如系统生命期长度、系统的工作负荷量、工作负荷的类型与这些不同类型之间的合理搭配、处理速度要求、设备和软件的配置等变化时,对开支和收益的影响的最灵敏的范围估计。在敏感性分析的基础上做出的选择会比单一选择的结果要好一些。

4.2.2.6 社会因素方面的可行性

用来说明对社会因素方面的可行性分析的结果,包括:

1) 法律方面的可行性

法律方面的可行性问题很多,如合同责任、侵犯专利权、侵犯版权等方面的陷阱,软件人员通常是不熟悉的,有可能违背,需要注意研究。

2) 使用方面的可行性

例如从用户单位的行政管理、工作制度等方面来看,是否能够使用该软件系统;从用户单位工作人员的素质来看,是否能满足使用该软件系统的要求等等。

4.2.2.7 结论

在进行可行性研究报告的编制时,必须有一个研究的结论。结论可以是:① 可以立即开始进行;② 需要推迟到某些条件(如资金、人力、设备等)落实之后才能开始进行;③ 需要对开发目标进行某些修改之后才能开始进行;④ 不能进行或不必进行(如因技术不成熟、经济上不合算等)。

4.3 项目开发计划

4.3.1 项目开发计划的目的与主要内容

随着软件开发规模的不断扩张,软件项目开发已经成为需要团队协作的系统工程。编制项目开发计划的目的就是用文件的形式,把项目的各项属性、开发过程中的各项安排记录下来,以便团队根据计划开展和检查项目的开发工作。

项目开发计划最重要的内容有两项:项目定义和实施计划。项目定义对项目目的、项目范围、产出产品、验收标准、项目期限等重要内容做出界定,而实施计划是对项目开发过程的一个总规划,既是分配开发任务的指导,也是项目过程中进行进度控制的依据。

4.3.2 项目开发计划的编写方法

项目开发计划中涉及的重要部分以及相应的编写方法如下:

4.3.2.1 项目概述

1)工作内容

简要地说明在本项目的开发中须进行的各项主要工作。

2)团队组织结构

说明项目团队的组织结构。扼要说明参加项目团队各成员的基本情况和承担的角色。

图4-1是教室预订系统项目组团队组织结构的一个例子。

图4-1 项目组组织结构

再采用列表(见表4-1)的方式说明团队成员的基本情况和承担的角色。

表4-1 团队成员情况

成员	基 本 情 况	项 目 角 色
李修	本科,三年以上开发经验,负责过多个项目	项目经理,分析工程师
赵齐	本科,两年以上开发经验,擅长数据库方向	分析工程师,开发工程师
杨治	本科,两年以上开发经验,曾负责多个项目的后台开发工作	开发工程师,集成工程师
王平	本科,擅长设计,有丰富的用户界面设计经验	分析工程师,文档工程师
顾成	本科,两年以上开发经验,前端开发经验丰富	开发工程师

3)产品

(1)程序:列出须移交给用户的程序的名称、所用的编程语言及存储程序的媒体形式,逐项说明其功能和能力。

（2）文件：列出须移交给用户的每种文件的名称及内容要点。

（3）服务：列出需向用户提供的各项服务，如培训安装、维护和运行支持等，应逐项规定开始日期、所提供支持的级别和服务的期限。

（4）非移交的产品：说明开发集体应向本单位交出但不必向用户移交的产品（文件甚至某些程序）。

4）验收标准

对于上述这些应交出的产品和服务，逐项说明或引用资料说明验收标准。

5）项目的计划完成时间和最迟期限

列出项目的计划完成时间和最迟提交期限。

4.3.2.2 实施计划

1）工作任务的分解与人员分工

对于项目开发中需要完成的各项工作，从需求分析、设计、实现、测试直到维护，包括文件的编制、审批、打印、分发工作，用户培训工作，软件安装工作等，按层次进行分解，用图示说明工作分解结构，并且用列表的形式列明每项任务的负责人和参加人员。

在创建工作分解结构时，首先标识完成项目所需的主要或高层的任务，然后将主要任务分解为较低层次的任务。工作任务结构是随着项目的进展而细化的结构，在项目的早期只能分解为相对高层的任务结构，当随着项目的进展，信息逐渐变得可用时，工作分解结构可以进一步开发。

图 4-2 是教室预订系统项目工作分解结构的一个示例。其中模块设计、模块实现和模块测试任务在模块的划分确定之后可以进一步分解为子任务。

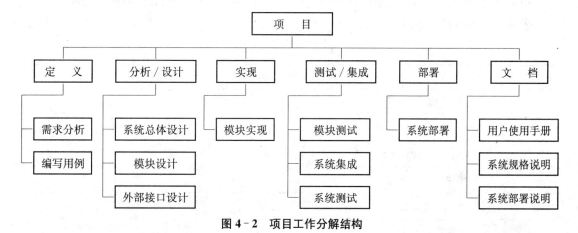

图 4-2 项目工作分解结构

任务分配示例如表 4-2 所示。

表 4-2 任务分配

项 目 任 务	负 责 人	参 加 人 员
需求分析	李修	
编写用例	王平	
系统总体设计	赵齐	

项 目 任 务	负责人	参 加 人 员
模块设计	赵齐	李修,王平
外部接口设计	李修	
模块实现	赵齐	杨治,顾成
模块测试	赵齐	杨治,顾成
系统集成	杨治	
系统测试	杨治	
系统部署	赵齐	杨治,顾成
用户使用手册	王平	
系统规格说明	王平	
系统部署说明	王平	

2) 阶段计划

对于需求分析、设计、编码实现、测试、移交、培训和安装等阶段的工作任务,确定每项工作任务的预定开始日期、预定完成日期及所需资源,确定表征每项工作任务完成的标志性事件(即"里程碑")。

用一张表(项目时间表)列出所有重要发布点、演示及其他里程碑事件的预定日期。

表4-3是项目时间表的示例。

表 4-3　项目时间表

项　目　时　间　表	
里 程 碑 事 件	预 定 日 期
需求定义文档完成	2016 - 03 - 30
软件架构设计文档完成	2016 - 04 - 28
模块开发完成	2016 - 05 - 19
系统集成完成	2016 - 06 - 01
系统演示	2016 - 06 - 09
系统部署	2016 - 06 - 21
项目全部结束	2016 - 06 - 23

人力和时间是软件开发项目中最宝贵的资源。在对项目的各项活动所需的时间进行估计之后,需要根据项目的资源约束对活动的人员分工和时间安排做出合理的计划。甘特图是将项目活动安排可视化的有力工具。图4-3是教室预订系统开发项目活动安排的一个甘特图示例。

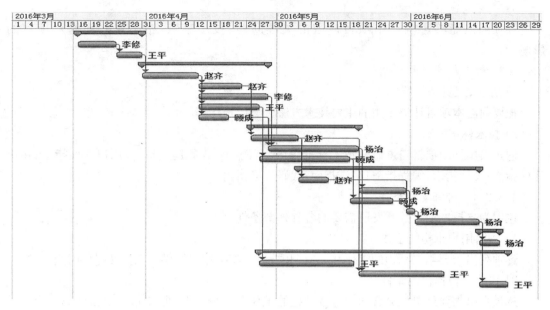

图 4-3 项目甘特图

3) 关键路径

甘特图简单直观,但不适合表达各项任务之间的依赖关系和关键路径。可使用网络图画出各工作任务之间的依赖关系并标出关键路径。

图 4-4 是教室预订系统开发项目关键路径的一个示例。

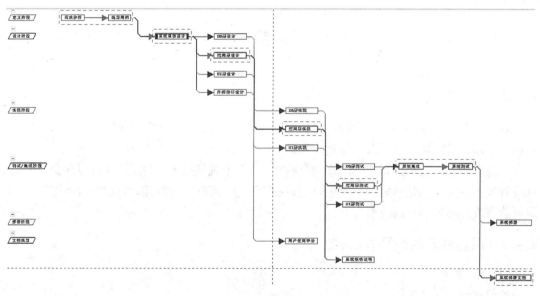

图 4-4 项目关键路径

4) 预算

逐项列出本开发项目所需要的劳务(包括人员的数量和时间)以及经费的预算(包括办公费、差旅费、机时费、资料费、通信设备和专用设备的租金等)和来源。

5) 关键问题

逐项列出能够影响整个项目成败的关键问题、技术难点，指出这些问题对项目的影响。

4.3.2.3 技术流程计划

1) 方法、工具和技巧

扼要列出本项目计划采用的主要技术方法、工具、技巧等。

2) 技术标准

通过引用列出项目需遵循的技术标准等内容，例如：业务建模指南；用户界面指南；用例建模指南；设计指南；编程指南；测试指南；代码风格指南。

4.3.2.4 外部支持条件

说明为支持本项目的开发所需要的各种外部条件。

1) 需由用户承担的工作

逐项列出需要用户承担的工作和完成期限，包括需由用户提供的条件及提供时间。

2) 由外单位提供的条件

逐项列出需要外单位分合同承包者承担的工作和完成的时间，包括需要由外单位提供的条件和提供的时间。

4.3.2.5 专题计划要点

说明本项目开发中需制定的各个专题计划（如需求管理计划、进度控制计划、预算控制计划、质量控制计划、风险管理计划、配置管理计划、系统测试计划、系统验收计划、开发人员培训计划、安全保密计划、用户培训计划、系统安装计划等）的要点。

4.4 风 险 分 析

4.4.1 风险管理

软件开发过程中，风险是无法避免的，对付风险应该采取主动控制的策略，在项目开始进入技术工作之前就应该开始对风险进行管理。

风险管理的主要工作是识别潜在的风险，评估其出现概率与影响，并且对风险进行追踪。风险管理的主要目标是预防风险发生，但是风险发生的概率无法消除，因此项目组应该针对风险可能造成的影响制订好应对方案。

4.4.2 风险列表的编写方法

1) 风险描述

简明扼要地描述风险内容。

2) 后果

说明如果风险确实发生会对项目产生什么样的影响。

3) 发生概率

使用 0%～100% 的数字来表示此风险发生的概率大小。

4）危害程度

用 1～10 的数字来表示风险对项目危害程度的大小。

5）应对方案

记录为应对风险发生而提前制定好的应对方案。

6）责任人

为每个风险选择一位责任人，由其监测并跟踪该风险。

风险列表应该依据风险影响来进行排序，风险影响可依据下式评估：

$$风险影响＝发生概率×危害程度$$

需注意到，使用 0%～100% 和 1～10 的数字来表示风险的发生概率和危害程度并不是完全令人满意的，原因在于这些数字通常较为主观，对于同一风险，不同的分析者可能给出完全不同的数字。由于这两个数字主要用于评估各项风险影响的大小关系，因此，只要项目组内对风险保持相对一致的评估标准，则这两个值仍有其参考价值的。对于风险的危害程度，建议参考风险对项目成本、项目周期和可交付软件产品的质量这三者的影响程度来确定。

教室预订系统项目的风险列表如表 4-4 所示。

表 4-4 风 险 列 表

#	风 险 陈 述		发生概率 (0%～100%)	危害程度 (1～10)	应 对 方 案	责 任 人
	情 况	后 果				
1	进入设计或实现阶段后需求的变更	将直接导致项目周期拖长	30%	8	在定义阶段与用户充分沟通，用例需经过用户确认，挖掘用户的真实需求	李修(项目经理)
2	模块编码时间超出预期	将影响项目按期完成，导致项目成本上升	20%	5	进入实现阶段后，开发组召开例会，把握开发进度	赵齐(开发工程师)

第5章 需求定义阶段

需求是驱动整个软件开发的因素。如果无法准确了解需求,显然是无法开发出让用户满意的软件产品。需求定义是所有软件项目取得成功的前提,它的好坏直接关系着软件的成败,目前,软件项目中 40%~60% 的问题都是需求分析阶段留下的隐患。但是,需求的获取存在困难性:需求存在于用户的脑海中,软件开发者需要通过沟通和交流,理解用户的需求,进而以用户能够理解的方式把需求记录下来;由于需求都是和领域相关的,而软件开发者并不是领域专家,因此理解用户的需求存在一定的障碍;有时候,用户实际上对自己的需求也不是很明确,往往要在看到系统之后了解自己需要什么,不需要什么;此外,需求在开发过程中会发生变更。鉴于需求获取的困难性和需求的重要性,需要采用系统化的方法定义需求。

5.1 需求定义阶段的主要内容

IEEE 软件工程标准中将需求定义为:

(1) 用户为了解决问题或达到某些目标所需的条件或权能(capability)。

(2) 系统或部件为了满足合同、标准、规范或其他正式规定文档所规定的要求而需要具备的条件或权能。

(3) 反映上面(1)或(2)所描述的条件或权能的文档化表述。

从另一方面看,软件的需求又可以分为三个层次:

(1) 业务需求:反映组织或客户对业务的高层次的目标要求。业务需求通常来自项目投资者、实际用户的管理者或产品策划部门。开发软件都是为了达成某种业务目标。业务需求一般在项目立项前就已给予定义。

(2) 用户需求:描述用户使用软件产品必须要完成的任务或者满足的条件。用户需求派生自业务需求,用户希望通过软件来达到业务上的目标或者满足业务上的要求。

(3) 功能需求:定义设计开发人员必须实现的软件功能,使得用户能够通过软件来完成他们的任务,从而也满足了用户需求和业务需求。

软件需求获取有不同的渠道和形式,以下是经常采用的形式。

(1) 面谈和问卷调查:通过和用户面对面的沟通进行需求获取是最经常采用的方式,为了达到效果,必须具有一定的谈话技巧,否则可能引起用户的反感或者效率不高。有时,也会结合问卷调查来获取更加明确的需求。

（2）小组讨论：将用户和开发团队组织在一起通过会议的形式进行小组讨论也是需求获取经常采用的方式。小组讨论的组织也要有一定的技巧，避免在会议中经常出现的效率低下，少数人占有发言权的问题。

（3）情景串联：将若干界面通过讲解串联起来，以描述针对特定的功能用户如何与各个界面进行交互，使得用户可以有直接的感受，从而可以提供意见和建议。

（4）观察业务流程：对实际的业务流程进行观察，从中了解业务中需要解决的问题，确定将来利用计算机和软件可以如何重新组织业务流程，以及软件如何适应用户的实际工作习惯。

（5）现有产品和竞争产品的描述文档：如果一个产品的目标是取代现有产品或者竞争产品，那么现有产品和竞争产品的功能和性能就是目前待开发软件所要比照的，并且通常待开发产品应该具有比现有产品和竞争产品更好的功能和性能。

（6）市场资料：通过各种渠道获取市场上对产品的期望。

需求定义阶段的任务就是获取正确的需求，并通过规范的方式进行需求的表达。这个阶段的结果将主要体现在软件需求规格说明文档中。

有时也会把软件需求描述中的一些内容列成单独的文档，如：

（1）补充规格说明：用以描述非功能需求、对软件产品的约束等。

（2）词汇表：用以对需求中涉及的关键术语进行明确定义。词汇表可以作为需求分析时识别类的依据之一。

5.2　功能需求的表达

5.2.1　基于用例的功能需求获取

需求是一个普遍使用的词汇，但又是一个颇为复杂的概念。需求具有不同的抽象层次。有些需求非常宏观笼统，例如对教室预订系统的一个需求是"系统使用要很方便"，有些需求则非常细节具体，例如教室预订的时候先要进行登录。显然，这种对需求的不同理解不利于需求的获取。

用例（use case）提供了以一致的方式来获取和表达功能需求的手段。不同于一般的直接以文字来进行需求表达的方式，用例是从用户的角度，把整个系统看作黑盒子，通过描述在完成功能过程中用户与系统的交互来刻画需求的手段。

用例是一系列动作和事件的列表，它定义了单个外部参与者与系统之间的交互，通过这种交互，系统提供了可见的价值。

为了理解用例，我们需要区别以下概念：

（1）参与者（actor）：是位于系统外部、与系统具有交互的事物，可以是人、计算机系统或组织，例如教室管理员。需要注意的是参与者不是某一个具体的人、系统或组织的抽象，而是一类人、系统或者组织。在 UML 中，参与者的符号如图 5-1 所示。

（2）场景（scenario）：某一特定的参与者和系统之间的一次交互，也称为用例实例。场景是使用系统的一个特定情节或用例的一条执行路径。

Actor

图 5-1　参与者的 UML 符号

在获取需求时,我们通过列举若干重要的场景来发现用例。通俗地理解,场景就是讲一个有主人公参与的一段故事,这个故事会分为若干步骤来描述。例如可以针对教室预订系统,讲述小王如何在网上预订教室的一个故事。

- **场景名称:** 教室预订
- **参与者实例:** 教室申请人员小王,教室管理员小张
- **事件流:**
1. 小王根据活动需要打算使用教室预订系统预订一间教室。他在已接入互联网的终端上激活了教室预订系统中的教室预订功能。
2. 小王填写一份包含申请人信息、使用时间、使用目的、活动人数、希望安排的教室规格和位置的表单并提交。然后小王等待系统的教室预订答复信息。
3. 教室管理员收到系统提醒后,审查小王的申请表。小张根据目前的教室预订情况以及小王的申请信息安排相应的教室并确认。
4. 小王通过预留在系统中的电子邮件收到了来自教室预订系统的确认信息,教室预订成功。

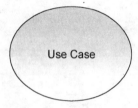

图 5 - 2 用例的 UML 符号

(3) 用例(use case):对相关的各种场景(包括成功的、失败的场景)的概括,用来描述参与者如何使用系统实现其目标。场景是有具体的主人公参与的故事,用例则要把这些故事上升为一个一般性的过程,在这个过程中主人公被角色所替代,描述中的一些具体细节被通用的信息所替代。在 UML 中,用例的符号如图 5 - 2 所示。

5.2.2 用例的编写方法

用例建模并非仅仅是画一个用例的 UML 符号,而主要是通过文字对用例进行表述。用例的编写可以有不同的详略程度:在早期,可以是简略的写一段话,也可以用几段话描述,而在详细描述的情形下,需要按照规定的格式,甚至用几页纸来加以定义。

用例的编写格式如下:

1) 用例名字

在给用例起名字时,一般采用一个动宾词组,如果你发现很难用一个动宾词组来刻画,那么很可能是用例选择不恰当造成的。

2) 范围

说明该用例是系统用例还是业务用例。系统用例是软件系统本身的用例。业务用例是业务功能的描述,通常用于对业务分析。

3) 级别

说明该用例是用户目标级别还是子功能级别。用户目标级别代表了一个参与者会发起的完整用例。子功能级别代表了可能在几个用例中可以重用的子功能用例,进一步的说明参考5.2.3节。

4) 主要参与者

定义这个用例中的参与者。用例必须有一个发起者(initiating actor),同时可能有若干个参与这个用例的参与者(supporting actor)。注意参与者并不一定是人。

5) 涉众及其关注点

定义在此用例中各个人员关注的因素。

6) 前置条件

定义该用例发生的前提条件。

7) 后置条件

定义该用例完成后,系统中发生的改变以及对参与者的影响。

8) 主流程

以事件流的方式定义参与者与系统进行的交互过程。在描述时必须能够清晰刻画每一个事件的参与者以及产生的结果。主流程指的是正常的、一般的情形。那些意外的情形将放在扩展中。

9) 扩展流程

以事件流的方式描述各种意外或者特别的情形。必须说明是从主成功场景的第几步跳到扩展中描述的事件流片段进行执行,然后再返回主流程。

10) 特殊需求

描述与该用例相关的非功能需求,质量属性或约束。

11) 发生频率

描述该用例发生的频繁程度。

以下为教室预订系统的一个用例的例子。

- **用例名称**：SubmitApplication
- **范围**：系统用例
- **级别**：用户目标
- **主要参与者**：教室申请人员
- **涉众及其关注点**：
  ➢ 教室申请人员：希望能够方便、快捷地提出申请。
- **前置条件**：教师或学生具有合法的身份。
- **后置条件**：产生教室申请单,等待审批。
- **主流程**：
1. 教室申请人员输入身份信息。
2. 系统判别身份信息是否有效。
3. 教室申请人员根据活动需要向系统提交教室使用申请,包括申请人、使用时间、使用目的、活动人数、希望安排的教室规格和位置。
4. 系统将信息发送到教务系统。
5. 教务系统判断符合条件的教室是否存在。

6. 如果有符合条件的教室,系统生成申请单,等待管理员批准,告诉申请人员申请提交成功。

7. 如果没有符合条件的教室,告诉申请人员申请无效。

● **扩展流程:**

1. 在第 3 步提交申请过程中,网络连接出现问题。

2. 告诉用户网络出现异常,提示用户稍后尝试,回到第 3 步。

● **特殊需求:** 无

● **发生频率:** 可能随时发生,短时间内可能有大量申请。

5.2.3 用例模型与用例图

将参与者、多个用例画在一张图上来完整地表达系统的功能需求,就形成了用例图,用例图加上用例描述就构成了用例模型。

参与者与用例之间的关系是一种通信关系,用带箭头的直线表示,箭头表示的是访问的方向(见图 5-3)。发起参与者的箭头指向用例,而支持参与者与用例之间,有可能箭头指向用例,也有可能指向支持参与者。在建模过程中,箭头可以暂时不画出来。

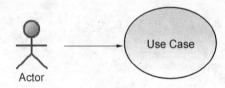

图 5-3 参与者与用例的关系

用例之间也存在一定的关系,它们可以是包含关系、扩展关系和泛化关系。

1) 包含关系

包含关系描述的是一个用例需要某种功能,而该功能被另外一个用例定义,那么在用例的执行过程中,就可以调用已经定义好的用例。包含关系有以下两种典型用法:

(1) 如果两个以上用例有一致的功能,则可以将这个功能分解到另一个用例中,其他用例可以和这个用例建立包含关系。

(2) 一个用例的功能太多时,可以使用包含关系建立若干个更小的用例。

包含关系用虚线箭头上面加上符号≪include≫表示,箭头的方向从基用例指向被包含的用例,如图 5-4 所示。

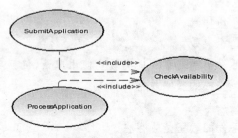

图 5-4 用例包含关系

图 5-4 展示了教室预订系统中一个具有包含关系的例子。在申请者申请预订教室的过程中,通过用例 CheckAvailability 检查申请教室的可用性。同样管理员在处理申请时,也可以通过用例 CheckAvailability 检查教室可用性。

2) 扩展关系

扩展关系表示用一个用例(可选)扩展了另一个用例(基本用例)的功能。对扩展用例的限制规则:将一些常规的动作放在一个基本用例中,将可选的或只在特定条件下才执行的动作放在它的扩展用例中,用符号≪extend≫表示。

扩展关系的箭头方向是从扩展用例指向被扩展的用例。

图 5-5 展示了教室预订系统中一个具有扩展关系的例子。用户在提交教室预订申请的时候,可能遇到与教室预订系统连接关闭的情况,比如浏览器崩溃,或者申请人误关闭网页。当连接关闭时,CloseConnection 用例处理提交申请中发生的网络异常。

图 5-5　用例扩展关系

3) 泛化关系

泛化关系(generalization)是一种继承关系,子用例将继承基用例的所有行为、关系和通信关系,也就是说在任何使用基用例的地方都可以用子用例来代替。

泛化关系在用例图中使用空心的箭头表示,箭头方向从子用例指向基用例。

图 5-6 是教室管理系统中一个具有泛化关系的例子。提交申请用例(SubmitApplication)是一个笼统的提交申请用例,描述了提交申请的过程。提交一个新的申请(SubmitNewApplication)、提交一个修改预订方案的申请(SubmitChangedApplication)是提交申请的特殊情况。

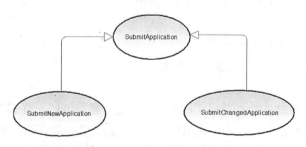

图 5-6　用例泛化关系

通过将用例采用以上关系进行进一步合理组织后,就形成了用例图。

以教室预订系统为例,系统的用例图如图 5-7 所示。

5.2.4　用例建模流程与注意点

1) 用例建模流程

用例建模可以遵照以下流程开展:

(1) 识别系统边界:通过确定系统边界后,就规定了系统的范围,也能确定什么是系统内的,什么是系统外的。

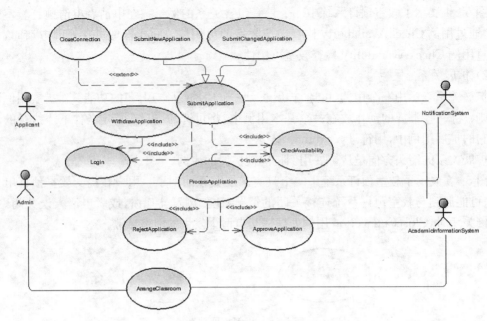

图 5 - 7　教室预订系统用例图

（2）识别参与者：对位于系统外，并且与系统交互的实体进行一一识别。

（3）对每一个参与者，识别其发起的用例：对于每一个参与者，识别其发起的用例。可以通过描述其涉及的典型场景，再在场景的基础上归纳出用例来。

（4）对用例进行修改：将不同用例中公共的部分抽取出来作为子用例，其他用例包含它；如果一些用例大部分都相同，只有小部分不同，那么抽取一个公共用例，其他用例继承它；将一个用例中较为复杂的特殊流程部分抽取出来作为扩展用例。

在以上步骤的基础上，可以构造完整的用例图。

2）用例建模注意点

用例建模是获取需求的有效方式，但是它本身并非面向对象方法学的一部分。在用其他方法学进行软件开发，包括传统的结构化方法进行软件开发时，依旧可以采用用例建模来获取需求。

需要强调的是用例建模主要是写文档，而不仅仅是画用例图。许多初学 UML 的人认为利用用例进行需求获取仅仅就是画出用例图，这显然是对用例建模的一种误解。

在用例建模时，经常面对用例的颗粒度问题。如果用例中包含的内容过多，换言之，用例的颗粒度很大的话，很可能系统中只有一个用例或者非常少的用例，这将给系统的分析、设计和实现带来困难。但是如果将很少的步骤都建模成用例，系统中可能包含了过多的用例。如何判断用例的颗粒度是合适的？首先从定义上说，用例包含了一般的场景和特殊的场景，所以用例是场景的集合。此外，每个用例必须能够给用户带来可见的价值。因此，一个用例应该对应一个基本业务过程单元。当然，那些被包含的用例或者扩展用例并不对应单独的业务过程单元，而是和其依附的用例构成完整的业务过程单元。

用例反映的是系统"做什么"，而不是"怎么做"。在用例中，表达的是用户希望如何通过该系统达成自己的目标。实现一个目标有多种方式，而且随着技术的进步，还可能出现新的实现方式。例如教室预订系统中,首先要进行用户身份识别,目前主流的方法固然是采用用户名、密码的方式,但是随着技术的进步,有可能采用指纹识别、声音识别等形式。所以在用例中说明是身份识别,而并不写清楚具体的密码输入手段,恰恰是一种刻画"做什么"的方式,而"怎么做"可以留待设计时再来确定。

在用例建模时,注意不要表示成功能分解。许多初学者可能对功能分解比较熟悉,因此,在用例建模时,他会用一个用例去包含许多子用例,子用例再包含子子用例。这种做法是不可取的。

5.3 非功能需求和设计约束

非功能需求是软件产品为满足用户业务需求而必须具有且除功能需求以外的特性。非功能需求有许多划分方法。典型的非功能需求包括:可用性、可靠性、性能、可支持性和设计约束。

5.3.1 可用性

可用性与用户使用该系统所需要付出的努力有关,典型的可用性指标包括:

(1) 指出普通用户和高级用户要高效地执行特定操作所需的培训时间。

(2) 指出需要提供的帮助用户使用系统的文档。

(3) 指出需要符合的公认的可用性标准。

5.3.2 可靠性

软件系统的可靠性指的是软件产品在规定的条件下和规定的时间区间完成规定功能的能力。可以从以下方面定义可靠性:

(1) 可用性:可用时间的百分比(xx.xx%)。

(2) 平均故障间隔时间(mean time between failures, MTBF):通常表示为小时数,但也可表示为天数、月数或年数。

(3) 平均修复时间(mean time to repair, MTTR):系统在发生故障后平均需要多少时间才能修复。

(4) 精确度:指出系统输出要求具备的精密度(分辨率)和精确度(按照某一已知的标准)。

(5) 缺陷率:通常表示为每千行代码的错误数目(bugs/KLOC)或每个功能点的错误数目(bugs/function-point)。

(6) 分类错误或缺陷率:按照小错误、大错误和严重错误来分类。需求中必须对"严重"错误进行界定,例如数据完全丢失或完全不能使用系统的某部分功能。

5.3.3 性能

完成功能时展示出来的及时性或者资源消耗程度,它包括:

(1) 对事务的响应时间(平均、最长)。

(2) 吞吐量,例如每秒处理的事务数。

(3) 容量,例如系统可以容纳的客户或事务数。

（4）降级模式（当系统以某种形式降级时可接受的运行模式）。

（5）资源利用情况，如内存、磁盘、通信等。

5.3.4　可支持性

提高所构建系统的可支持性或可维护性的所有需求，其中包括编码标准、命名约定、类库、维护访问权和维护实用程序。

5.3.5　设计约束

所构建系统的所有设计约束。设计约束代表已经批准并必须遵循的设计决定。其中包括软件语言、软件流程需求、开发工具的指定用途、构架及设计约束、购买的构件、类库等。

5.4　软件需求规格说明的编写

5.4.1　目前系统

描述了目前的状态。如果目前软件项目是开发一个新的系统替代以前的系统，那么此章节可以用来描述老系统的功能和存在的问题。如果目前并没有老系统，那么该章节就描述在实际业务中遇到的一些问题。

5.4.2　建议的系统

这一部分应包含所有的软件需求，其详细程度应使设计人员能够设计出可以满足这些需求的系统，并使测试人员能够测试该系统是否满足这些需求。

1）概述

对系统的功能需求提供了简略的描述。

2）功能需求

此部分以自然语言风格说明为此设计的系统功能性需求。通常按特性来组织，但也可能会有其他适用的组织方式，例如按用户或子系统组织的方式。功能性需求可能包括特性集、性能和安全性。在表述时，可以一一列举各条功能需求，格式如下：

（1）＜功能性需求一＞：需求说明。

（2）＜功能性需求二＞：需求说明。

3）非功能需求

（1）可用性：此部分应包括所有影响可用性的需求。

（2）可靠性：对系统可靠性的需求应在此处说明。

（3）性能：此部分应概述系统的性能特征。

（4）可支持性：此部分应列出将提高所构建系统的可支持性或可维护性的所有需求。

（5）设计约束：此部分应列出所构建系统的所有设计约束。

4）接口

此部分规定应用程序必须支持的接口/界面。它应非常具体，包含协议、端口和逻辑地址等，以便于按照接口/界面需求开发并检验软件。

（1）用户界面：说明软件将实现的用户界面方面的要求。

（2）硬件接口：此部分指出软件所支持的所有硬件接口，其中包括逻辑结构、物理地址、预期行为等。

（3）软件接口：此部分说明软件系统中与其他构件之间的软件接口。这些构件可以是购入的构件、取自其他应用程序重新利用的构件，也可以是为此需求范围之外的子系统开发，但该软件应用程序必须与之交互的构件。

（4）通信接口：说明与其他系统或设备（如局域网、远程串行设备等）的所有通信接口。

5）法律、版权及其他声明

此部分说明软件涉及的所有必需的法律免责声明、保证、版权声明、专利声明、字标、商标或徽标符合性问题。

6）适用的标准

通过引用，此部分说明了所有适用的标准以及适用于所述系统的相应标准的具体部分。例如，其中可以包括法律、质量及法规标准；业界在可用性、互操作性、国际化、操作系统相容性等方面的标准。

5.4.3 系统模型

该部分使用 UML 中的概念、方法和模型图来详细表达需求。

1）场景

该部分中针对每一个发起用例的参与者，选择代表性的场景进行描述。按照如下格式进行：

＜场景一＞：

场景名字：为每一个场景起的具体名字；

参与者实例：场景中涉及的具体参与者人员；

事件流程：按照步骤列出详细的流程。

2）用例模型

该节中先给出一个所有参与者列表，并对每一个参与者给予解释，形式如表 5-1 所示。

表 5-1 参 与 者 列 表

参与者名称	参与者解释
参与者 1	对参与者 1 的解释
……	……

对所有用例，列在表格 5-2 中，并给以简单介绍。

表 5-2 用 例 列 表

用 例	用 例 级 别	用 例 描 述
用例 1	用户目标级别还是子功能级别	用例 1 的简单描述
……	……	……

接下来,详细定义每一个用例,具体格式参考 5.2.2 节。

当用例定义完成后,我们就需要画出一张形式如图 5-7 的完整的用例图。

以下的两节在需求定义阶段一般不给出,而是在分析阶段给出。

3) 对象模型

以类图的形式给出软件中涉及的领域对象及其关系。

4) 动态模型

描述各个对象之间的交互行为或者单个对象的复杂状态。

5) 用户界面

在需求获取阶段,可以给出部分用户界面,并在分析阶段继续完善。在介绍界面时,可以通过文字描述界面之间的转换关系。

5.5 词汇表的编写

词汇表用以解释所有在需求定义中了解到的关键词汇。它一方面可以起到规范词汇含义、避免误解的目的;另一方面,词汇表本身也可以作为下一阶段识别对象的依据。

词汇表中主要内容为各条词汇及其解释。其涉及的内容主要为术语定义,该节的格式如下:

定义:

此处定义的术语形成了该文档的基础。它们可以按任意顺序定义,但通常按字母顺序定义以便于查找。当术语名称和解释采用中文时,术语名称对应的英语表达也需要给出,因为后续类名的表达将采用英文词汇。

<一条术语>:在此处提供<一条术语>的定义。应提供读者理解此概念所需的全部信息。

<另一条术语>:在此处提供<另一条术语>的定义。应提供读者理解此概念所需的全部信息。

<一组术语>:有时,可以利用术语分组来提高可读性。例如,问题领域涉及与建筑项目的会计和建设两方面都相关的术语(当开发建筑项目管理系统时会出现这种情况),将两个不同子领域中的术语混在一起会使读者感到迷惑。为了解决这种问题,可以采用术语分组的方法。当提供分组术语时,应提供一段简短说明来帮助读者理解<一组术语>的含义。为了便于查找,同组内的术语应按字母顺序排列。

<第一组术语>:在此处提供<第一组术语>的定义,应提供读者理解此概念所需的全部信息。

<第二组术语>:在此处提供<第二组术语>的定义,应提供读者理解此概念所需的全部信息。

第6章 分析阶段

通过需求分析阶段,我们以用户可理解的方式表达了需求。然而,软件设计是一个技术性、专业性的工作,用户的需求和软件设计之间存在较大的"知识鸿沟"和"表示鸿沟"。通过分析阶段,开发者对需求有了自己的理解,一方面对需求的正确性、全面性、可行性进行检验,另一方面,建立需求与软件设计之间的桥梁,从而使得后续阶段中软件开发工作能够顺利开展。因此,分析阶段依旧是围绕需求展开的,并不涉及软件设计的细节,但是由于采用了开发者的观点来分析需求,因此,必然会引入一些与软件相关的概念。例如,如果软件开发采用了面向对象方法学,在分析阶段将会获取对象模型,并通过动态模型来描述对象之间是如何通过交互来提供功能的。对象模型、动态模型这些都是软件开发相关的概念,但是,在分析阶段中,涉及的类(对象)并非是软件类(对象),而是"领域类(对象)",即对应于用户应用中概念的类(对象)。在后续设计阶段,"领域类(对象)"将通过对应的软件类(对象)加以具体实现,分析阶段就是以这种方式建立了需求与设计之间的桥梁。通过分析阶段,需求获取阶段的结果在检验后可能会被修改。

6.1 分析阶段的主要内容

分析阶段与三个模型相关,即功能模型、对象模型和动态模型。在需求获取阶段得到的功能模型是分析阶段的输入,通过分析,建立系统的对象模型和动态模型是分析阶段的输出。其中,对象模型以面向对象的方式定义了系统的内部构成,因而主要以类图的方式进行表达。动态模型表达了围绕用例而展开的对象之间的动态交互过程、某些对象的复杂状态变化以及与软件相关的复杂的业务过程,动态模型可以用交互图(顺序图或者协同图)、状态图或者活动图进行表达。在构造对象模型和动态模型的过程中,可能会对功能模型进行修改。

分析阶段是一个迭代的过程,它涉及以下步骤。

1) 类的识别

在采用面向对象方法学进行软件开发时,软件的构成单元是类以及它们的对象,因此,确定正确的类(对象),就是确定软件的构成。在分析阶段,确定类的依据是需求和领域知识。值得指出的是,这些类并非是软件概念上的类,它们是领域类,通过设计阶段的工作后,领域类将与软件类相对应,换言之,通过软件类来实现领域类。

2) 对象交互描述

围绕每个用例,各个类的对象之间需要进行交互,才能完成用例描述的流程。对象交互的描述在分析与设计中都具有极其重要的意义。在分析阶段,对象交互的描述规定了每个类具有的责任,并形成了对象之间的协作关系;而在设计阶段对对象交互的描述,确定了每个软件类必须提供的操作(需要处理的消息)。不同的交互方式将最终对系统的可维护性、可扩展性、性能等产生决定性影响。同时,通过交互方式的描述也可以进一步发现前期需求中的不足,以及发现更多的相关的类(对象)。

3) 类行为刻画

部分类可能具备复杂的行为,特别是其行为受到状态的影响。在这种情况下,需要描述其可能的状态,以及状态之间的转换条件。通常可以采用状态图来对类的行为进行刻画。当然,那些不具备复杂的状态的类并不需要构造状态图。

4) 对象模型构建

在识别类(对象)、描述对象交互行为的基础上,可以形成完整的对象模型。各个类的属性、操作可以通过前述的分析得到。同时,在对象模型中,类之间的关系也将得到表达,包括关联和泛化关系。

5) 迭代和检查

以上四个步骤不是一个线性的过程。实际上,类的识别、对象交互描述和行为刻画、对象模型构建构成一个相互影响的迭代序列:识别出来的类的对象将参与交互过程,在描述交互过程中,会引入新的类(对象)。通过多轮迭代后,最终得到的模型必须是正确的、完整的、一致的和现实的。所谓正确的,指的是模型确实代表了实际的需求;模型是完整的,意思是每一个场景包括意外场景都得到了描述;模型的一致性指的是模型中的元素互相不冲突;模型是现实的,意味着模型是可以得到实现的。

分析阶段得到的模型依旧表述在软件需求规格说明文档中,并且主要是对系统模型这一章进行修改和细化。具体来说,对用例模型这一小节,可能会带来修改,同时补充对象模型和动态模型这两小节的内容。

6.2 对象模型的创建

6.2.1 类的识别

分而治之是人类处理复杂事物的重要手段,这也是软件开发中采用的重要手段。不同的方法学采用了不同的分解手段。传统的结构化方法是将系统按照功能进行模块分解,而面向对象方法学是按照类(对象)进行系统分解。因此,类的识别在面向对象软件开发中是一个基本任务。在实践中,许多开发人员从自己的偏好和经验出发进行对象识别,采用的方法过于随意,这将大大降低面向对象方法学的好处。

1) 类的识别方法

按照面向对象方法学的理念,我们应该从实际问题中去找类,这种找到的类我们称为问题领域类,它主要是从实际问题出发,反映了实际问题中的业务实体、业务过程和业务概念。类的寻找有以下方法：

（1）文本分析方法：可以从用例文档中、特别是词汇表中找出那些意义重要的一般名词，它们是潜在的类。

（2）重用已有类概念：如果在该领域已经有一些软件，可以沿用该领域经常采用的类的概念。

（3）从动态模型中识别：在构建动态模型的过程中，可能会添加新的类。

2）类的类型

在识别类时，我们可以将类分为三种类型，分别为实体类、边界类和控制类。实体类代表了系统中需要跟踪的持久化信息实体，它是业务实体的直接代表；边界类负责用户与系统之间的交互，如系统窗口类；控制类代表了系统中的控制功能，它负责协调多个对象完成用例流程。三种类的 UML 表示方式如图 6-1 所示。

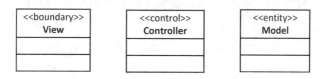

图 6-1   边界类、控制类和实体类的表示

将类分为这三种类型体现了软件工程中"视图-模型"相分离的原则，实体类对应于"模型"，边界类对应于"视图"。模型对应于业务对象，是相对稳定的，而视图则可能变化比较多，通过分离，有效地降低了软件维护的成本。类的这三种类型也可以类比成一个企业内的组织分工，实体类就是那些岗位员工，是真正处理业务的；边界类就是那些销售和供应人员，负责与外界打交道；控制类是企业中的管理人员，本身不处理具体业务，负责协调前两类人员的关系。在一个分工合理的组织内，这三者都是需要的。

3）类识别注意点

在识别类的时候，有以下注意点：

（1）类的命名：在类命名时，首先应该用实际业务中的名字，同时，名字应该相对通用，而不是过早限定具体的方式。例如，在教室预订系统中，代表终端的类，可以是 MobileTerminal，也可以是 MobilePhone，但 MobileTerminal 不限于 MobilePhone，是不是客户端只支持 MobilePhone 可以留待后续设计时决定，那么用 MobileTerminal 就会比较通用。

（2）虽然我们一再强调类应该代表现实中的概念，然而我们毕竟在开发软件，所以在识别类时，可能会专门创造一些用来记忆"公共信息"的类，以避免信息的重复。例如，在现实生活中，每一件商品上都有商品信息如名称、产地、成分等，但是同类商品上的这些商品信息都是一样的，为了避免重复，我们可以添加一个 ProductSpecification 类，记录商品信息，Product 类本身只保存商品编号、生产日期等信息，从而避免冗余的信息。

（3）在识别类时，也有可能依据软件的具体需要，适当添加一些实际生活中并不存在、但是出于软件的特点而添加的类，控制类就属于这种情景。

6.2.2   对象模型的表达

识别出类后，我们将利用类图来表示对象模型。类图由类和类之间的关联关系构成。分析阶段的对象模型主要是对真实世界中概念类的表示，而不是软件对象的表示。对象模型中要考虑下列因素。

1) 属性的添加

每一个类需要添加属性,类的对象的属性取值保存和刻画了对象当前的状态。每一个类都有许多细节信息,因此可以作为属性的数据项也很多,但是,我们并不需要也不可能把一切数据项都作为属性,而是根据该属性对当前应用的价值来确定是否需要添加该属性。

另外一个问题是哪些应该作为属性,哪些作为类来建模。一般而言,属性应该是基本数据类型(如整型、浮点型、布尔型、字符串型)。如果一个属性是复杂数据类型(可以进一步分成多个数据项的数据),最好把它作为单独的类,然后将这两个类关联起来。

2) 关联的添加

关联刻画了两个类结构方面的联系。那么,我们需要把所有可能的关联关系都刻画出来吗? 显然并不必要。因为从某种意义上讲,世界上的万事万物都是关联的,小世界定理甚至告诉我们世界上任意两个人只要通过不多于六个中间人就可以联系起来。那么我们需要添加什么样的关联关系呢? 以下为一些指南:

(1) 添加那些重要的、需要持续一段时间的关联信息。

(2) 添加那些能够表示聚合、组合这种"整体-部分"关系的关联信息。

(3) 在此阶段,我们只要从领域知识出发来考虑关联,并不需要考虑关联将来如何在软件中实现的问题。

(4) 不要添加那些可以从其他关系中推导出来的关联关系。

完整的关联信息包括:关联的方向、关联的名字、多重性、角色。

3) 对象模型的精化

对象模型的构建并不是一次完成的。我们应该对建立的对象模型进行多次重新检查并在必要的时候进行模型的调整。

在模型中可能会发现如下问题:

(1) 重复的定义:由于我们通过多种渠道(如通过文本分析、构建交互图、依据领域知识等)去识别类,因此有时候可能将一个类重复定义了两次,或者将同一属性、同一操作定义了两次,就需要将它们进行合并。

(2) 如何判别应该建模为类的属性,或者不必要作为类的属性:有些属性类型比较复杂,或者有相应的操作与其关联,那么最好将其建模为类;相反,有些类只有很少的属性,并且只有写入和读取的操作,那么就可以简化为属性。

随着分析的深入,可能会发现以下情况从而建立类之间的"泛化-例化"结构:

(1) 一个概念在现实中可以分成子类型,并且子类型具有不同的行为,那么可以将子类型建模成子类。但是值得注意的是,并不是在现实中的子类型都需要建模成子类,过于复杂的继承结构也会造成软件的复杂,因此只有在子类型对于应用有意义时,才需要建模成子类。

(2) 发现多个类具有共同点,因此抽象出一个父类。通过抽象出的父类,并定义继承结构,可以增加重用,改善软件的可维护性。

判断两个类之间是否存在泛化-例化关系时,有以下方法:

(1) 百分百法则:父类的属性、方法和与其他类的关系可以百分百运用到子类上。

(2) IS-A 法则:如果 ClassA 是 ClassB 的父类,那么"ClassB 的对象 IS-A ClassA"这句话就应该能读通。

6.3 动态模型的创建

对象模型刻画了系统的静态构成,显然,我们还需要表示系统各组成部分之间的动态关系,这种动态关系可用动态模型进行表示。创建动态模型的依据依旧是用例模型,其基本任务就是用一系列 UML 中的模型图将用例中的文字描述进行图示化的表达。

动态模型中可以包括下列具体的模型图:

(1) 交互图:构造系统顺序图,识别系统消息,围绕每一条系统消息,进行交互图的构造。

(2) 状态图:针对具有复杂状态、特别是在不同状态下,将呈现出不同行为的类构造状态图。

(3) 活动图:可以针对一个用例,或者一个业务流程用活动图进一步进行刻画。

6.3.1 交互图

尽管初学者认为对象模型对软件的实现具有直接的指导意义,但是从软件开发的角度来看,交互图是真正体现设计思想的地方,或者说,它是一个根据用例来定义对象模型的工具。

现给出交互图的步骤:

(1) 构造系统顺序图。

(2) 选择部分系统消息编写操作契约。

(3) 针对每一个系统消息,构造交互图。

6.3.1.1 系统顺序图

为了更好地刻画用户与系统的交互,我们针对每一个用例,将参与者与系统之间的交互进行表达,参与者给系统发送的消息称为系统消息。显然,要开发的系统必须处理每一条系统消息。因此,通过画系统顺序图能够为交互图的构造提供准备。

在系统顺序图中,一端为发起用例的参与者对象,一端为系统。将系统作为黑盒子,如果涉及与此系统交互的其他系统,也可以将它加入其中(见图 6 - 2)。

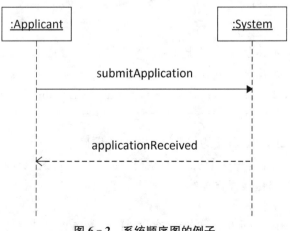

图 6 - 2 系统顺序图的例子

系统消息的命名一般表达为一个动宾词组。

6.3.1.2 编写系统操作契约

对于一些复杂的系统消息（对应于系统操作），可以进一步采用系统操作契约（system operation contract）定义其对对象模型中的各种对象产生的影响，这些影响将会在交互图中加以具体刻画和体现。

操作契约包含以下内容：

（1）操作名称：给出操作名称及参数。

（2）交叉参考：给出该操作属于哪一个用例。

（3）前提条件：在执行该操作前，系统或者对象模型中涉及的对象应该满足的条件。

（4）后置条件：该部分最为重要。用来记录执行完该操作后，系统或者对象模型中的对象将会发生的变化。

后置条件并非用以说明执行该操作中要完成的任务，而是记录了该操作执行完毕后，系统中发生的各种变化。这种变化可以分为三种类型：

（1）引起了对象的创建或者删除。

（2）引起了某些对象内部属性值的改变。

（3）在某些对象之间形成了关联关系或者原有的关联关系消除了。

以申请使用教室用例为例，该用例中的一个系统操作为**提交申请（submitApplication）**，契约描述如下：

契约 CO1：submitApplication

- **操作**：submitApplication（applier：Applier, applyDate：Date, applyTime：Time, applyPurpose：String, numberOfUsers：integer, classroomRequirement：string）
- **交叉引用**：申请使用教室
- **前置条件**：正在进行的教室使用申请
- **后置条件**：
  ➤ 创建了 ClassroomApplication 的实例 ca
  ➤ 基于 applier.applierID 的匹配，将 ca 与 Teacher 或 Student 关联
  ➤ ca.applyDate 赋值为 applyDate
  ➤ ca.applyTime 赋值为 applyTime
  ➤ ca.applyPurpose 赋值为 applyPurpose
  ➤ ca.numberOfUsers 赋值为 numberOfUsers
  ➤ ca.ClassroomRequirement 赋值为 classroomRequirement

定义操作契约带来的好处就是为构造交互图给予明确指导。

需要再次指出的是，并非每一个系统消息都需要定义系统操作契约，只需要为那些可能引起比较复杂的变化的消息定义操作契约。

6.3.1.3 交互图构造

交互图可以分成顺序图和协同图，顺序图与协同图在语义上是相等的，画一个图就可以生

成另一个图,因此以顺序图为例来讲解交互图的构造。

1) 软件工程的原则与责任分配

在画顺序图时,从一个对象(对象 A)发送一个消息给另一个对象(对象 B),其意义在于对象 A 请求对象 B 的服务,换言之,将某一个责任分配给了对象 B。那么,为什么将责任分配给对象 B 而不是其他对象呢？这后面的依据是软件工程中的一个核心思想:高内聚和低耦合。高内聚和低耦合的提出能够提高软件的可理解性和可维护性。

类的高内聚有两层意思:

(1) 一个类的功能比较单一,这可以称为语义内聚。

(2) 类内部的各个方法调用可以比较多,这称为关系内聚。

低耦合的意思是各个类之间的关系应该尽可能少。

显然高内聚、低耦合使得某一个类的修改对于别的类的影响会比较小,同时,系统的重用性也会比较高,因为重用系统的某一个部分不会让其他的类过多地牵涉其中。

在分配每一个责任时,都必须考虑这个原则。那么如何进行分配才使得系统能够高内聚、低耦合呢？从高内聚的角度看,每一个类的职责应该比较明确,UI 层的类就负责 UI 的事情,而不能去涉及业务逻辑的处理;控制类就是负责联系和协调,也不去涉及业务逻辑的处理;每一个实体类在处理业务逻辑也是有明确的分工。从低耦合的角度看,如果某些类的对象之间确实需要进行交互或者本身就有一定的耦合性(如包含被包含的关系),那么在后续进行责任分配的时候,尽量不要把别的对象牵涉进来,这样就能够降低耦合性。

高内聚、低耦合的原则在使用时也并不是金科玉律,在某些时候,与一些类库、提供公共服务的类如数据存储服务类的耦合是可以接受的,因为它们本身是比较稳定的。

上述谈及的高内聚、低耦合原则似乎是针对软件设计的。前面又多次声明分析阶段还是侧重于理解需求,因此分析阶段获取的类并非软件类,那么为什么也强调需要运用这个原则呢？因为此处分析出来的对象模型、动态模型是后续设计的直接指导,在设计阶段实际上是在对象模型、动态模型上进一步细化,并按照软件系统的一些特点做一些调整,因此,在分析阶段就需要贯彻此思想。

2) 顺序图的构建

围绕每一个由参与者发出的系统消息都需要单独构造一张顺序图。当然,如果围绕这一系统消息的顺序图比较简单,可以和相关的系统消息的顺序图合并。在画顺序图时,可以遵从以下的规则:

(1) 左边第一列为发出系统消息的参与者对象。

(2) 第二列一般为一个边界类对象,代表与用户交互的界面。

(3) 第三列一般为控制类对象,由边界类对象创建,该对象负责协调接下来的流程。通常有两种控制类对象,一种为针对一个用例的控制类对象,它负责这个用例的所有流程协调;一种为针对一个子系统或者整个系统的控制类对象,这种情况下子系统或者整个系统中用例较少,因而不再单独为每个用例去创建一个控制类对象。用例控制类对象的生命周期一般与用例一样,即用例流程完成后,用例控制类对象就结束生命期。

(4) 第四列可能是控制类对象创建的一些其他边界类对象,或者是实体类对象。

(5) 其他不是发出系统消息的参与者一般画在最右边。

图 6-3 为一个顺序图的例子,针对的是系统消息 submitApplication()。

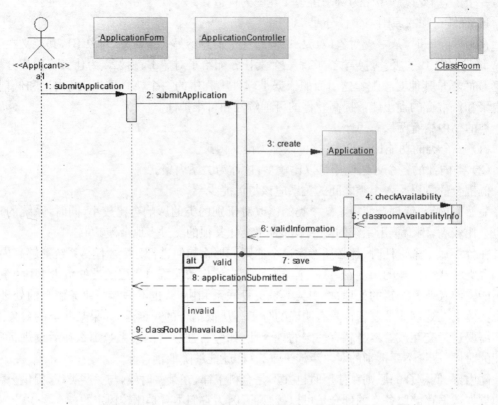

图 6-3　顺序图的例子(申请者提交申请的顺序图)

6.3.2　状态图

　　状态图是对具有复杂状态的类的进一步刻画,并非每一个类都需要构造状态图,因此需要注意状态图与顺序图的差别。状态图针对的是单个类,刻画了类的对象在整个生命期内可能历经的状态变化;顺序图针对的是多个类的对象,它们协作完成整个用例流程。

　　教室的状态图的例子如图 6-4 所示。

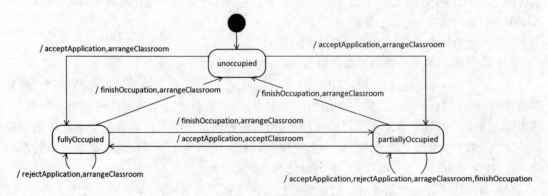

图 6-4　状态图的例子

6.4 软件需求规格说明的修改

分析阶段的结果依旧表述在软件需求规格说明文档中，主要体现在对"系统模型"这一节的细化上。词汇表由于新识别出一些类，可能需要进一步补充。软件需求规格说明文档的其他部分也可能需要修改。

1）场景

如果有补充的场景，在此处添加。

2）用例模型

如果有补充和修改的用例，在此处添加。

3）对象模型

分类别列出每一个类的介绍，如表 6-1～表 6-3 所示。

表 6-1 实体类定义表

实体类名称	属　性	关联类	定　义

表 6-2 边界类定义表

边界类名称	定　义

表 6-3 控制类定义表

控制类名称	定　义

列表方式介绍完类后，画出一张类图。

4）动态模型

（1）系统顺序图与操作契约。

用例 X：为每一个用例画出一张系统顺序图；为该用例中的系统消息定义操作契约。

（2）顺序图。围绕上述系统顺序图，为其中每一个系统消息单独画一张顺序图。

（3）状态图。给出某些具有复杂状态的类的状态图。

5）用户界面

在需求获取阶段的基础上，进一步细化界面。

第 7 章 设计阶段

设计是运用专业知识针对确定的目标、提出具体解决方法的阶段。在设计阶段,需要在各种解决办法中进行权衡,以确定最为合理的方案。因此,设计是一个决策过程。在许多工程领域,如机械设计、电子设计、建筑设计行业,有着许多设计规范、设计指南和计算公式,然而,在软件设计领域,目前似乎依然主要依靠个人的经验和技艺进行决策,这就使得不同的人完成的软件设计有很大差别,从而造成软件设计结果很难重用,软件的质量也很难保证。我们希望软件设计也能够有系统化的、科学的方法,目的是遵照这一套方法,不同的人可以设计出差别不大的系统,只有这样,设计的质量才能得到保证。

面向对象提供了一套从分析、设计、实现到测试的方法学。通过面向对象分析已经建立了功能模型、对象模型和动态模型,在设计阶段,我们依然运用面向对象方法,对类的定义进行细化,并将类组织成组件、子系统。由于分析阶段和设计阶段都采用了对象模型,设计阶段的对象模型受到了分析阶段的对象模型的直接启发,因此开展起来相对自然。然而,在设计阶段依然有许多决策是必须在这个阶段做出的,例如整个系统需要分解成哪些子系统,整个软件的控制结构是怎样的。本章将围绕设计中的内容、方法、涉及的模型和文档模板展开介绍。

值得指出的是,以面向对象的方式设计软件,与现实中创办一个企业、管理一个企业有类似之处。作为软件设计者,要安排每一个软件对象的职责,确定它们的交互方式,使得软件世界井然有序,运转高效;而作为企业的管理者,要安排每一个人员的工作,确定他们之间的合作方式,使整个企业内责任分明。保持一个机构(无论是软件对象组成的机构,还是人组成的机构)高效运转的诀窍有许多相似的原则,比如说,一个企业中要使每一个人的职责比较明晰,不能把过杂的责任分给一个人,在软件对象上,也是如此。因此,用管理好一个企业的思维去考虑软件设计,是一个值得借鉴的思路。

7.1 设计阶段的主要内容

设计阶段需要在不同层次上进行决策。一般把这种决策分为两个层次:系统设计层和对象设计层。主要内容包括如下设计。

1) 系统设计

系统设计是有关系统总体构成的决定。对于一个具有一定复杂度的系统,一般而言需要把它分解为子系统,以此来增加各个子系统的可重用性,降低开发难度,也使得各个团队可以并行开发。

随着技术的发展,出现了具有不同结构特征的系统框架范型,包括 web 系统、客户/服务器系统、对等系统等。可以按照这些系统架构去进行系统设计,划分子系统的构成,确定各个子系统的接口。同时,目前也出现了许多中间件与软件框架,开发系统时可以利用这些中间件、软件框架从而降低开发难度,提高开发效率。使用成熟的中间件、软件框架进行开发也有助于提高系统的质量。

在系统设计时,要考虑系统的各种设计目标、与其他系统的集成、将来的维护需求、技术风险等因素。这些设计目标有时候可能会相互冲突,需要在设计中对这些设计目标进行权衡,做出合理的决策。

2) 对象设计

在系统设计的基础上,需要进一步确定涉及的软件对象,每个软件类(此处也称为设计类)的属性、方法的详细定义,软件对象之间的具体交互形式。我们从分析阶段的对象模型中获得启发,从中把软件要实现的对应类抽取出来,再参考分析阶段的动态模型,构造设计阶段的动态模型,并添加必要的类。由于软件自有其独特之处,考虑到软件的可理解性、性能、未来的可重用性、重用已有类或者子系统等因素,得到细化后的对象模型、动态模型,给软件实现以直接的指导。在设计时,要灵活运用设计原则,一方面要考虑未来可能的变化,强调架构的灵活性,另一方面,也要避免过于复杂的设计。

3) 运行设计

随着软件系统的功能越来越复杂,性能要求越来越高,现代软件涉及多进程、多线程的越来越多。运行设计就是设计进程、线程和它们的运行关系,并把设计元素分配到进程、线程中去。

4) 实现设计

软件需要通过开发工具,编写代码,并经过编译形成可执行文件。我们需要定义开发过程中采用的工具、编写的文件以及它们的依赖关系。同时,也需要定义编译以后生成的组件以及它们的依赖关系。

5) 软硬件部署设计

软件最终需要部署到硬件上才能得到运行。因此,硬件平台配置(包括计算机的配置、网络的配置、各种专门硬件如存储系统、各种外设如打印机等)、软件各个部分以什么样的形式分布在硬件系统上也是需要在设计阶段确定的。

6) 数据管理设计

软件系统中都会涉及数据的管理问题。尽管面向对象系统中已经把数据和操作封装在一起,我们依然需要考虑数据持久化的问题。数据持久化是指数据的保存。究竟采用何种数据保存的方式,以及具体的数据保存格式会对数据的访问效率产生根本性的影响。

7) 其他设计问题

软件设计中还要针对设计目标进行针对性的考虑。例如针对安全性,就有许多方面需要考虑,包括访问控制、数据安全、防攻击等;针对可靠性,包括防错、容错等。

我们将在本章中对这些设计步骤进行逐一介绍。需要指出的是软件设计是一个迭代的过程,也就是说,它并非是沿着系统设计、对象设计、运行设计、实现设计、软硬件部署设计、数据管理设计、其他设计这样一个线性过程，而是这些步骤的交错迭代过程。

设计阶段的主要交付物包括：

(1) 软件设计模型。

(2) 软件架构文档。

7.2　软件设计的原则

无论是机械设计、建筑设计，还是电子设计，都有一套设计原则，这些设计原则应该贯彻在所有的设计实践中。软件设计也不例外。然而，相对而言，在机械行业、建筑行业、电子行业都有比较成熟而详细的设计指南，软件行业仅仅是有一些设计原则，而且这些设计原则还比较抽象。

在本节中，我们介绍的设计原则，不仅适用于子系统层次，也适合于对象层次。有些原则在分析阶段中就已经得到应用，这是为了使其与在软件中应用此原则时一致起来。

1) 高内聚、低耦合原则

这是软件设计中最基本的原则。通过将功能相关的责任分配给一个类，实现了类的高内聚，通过将功能相关的类组织成子系统，实现了子系统的高内聚。而在类与类之间、子系统与子系统之间，使它们之间的交互尽量少，实现了低耦合。高内聚、低耦合的原则是软件设计中的根本原则，其他原则都是依据此原则派生而来。在分析阶段已经对此原则进行了介绍，在此就不再进一步展开。

2) "模型-视图"相分离原则

模型-视图分离原则是高内聚、低耦合原则的一个应用。"模型"代表的是依据领域类确定的设计类，它是从业务逻辑中抽取而来的，相对稳定。"视图"对应的是人机接口。显然，不同用户对人机接口有不同的要求，修改意见也比较集中于人机接口部分。通过模型视图的分离，使得人机接口的修改不影响模型对应的设计类，从而提高了系统的可维护性。

3) 关注点分离原则

关注点分离原则强调软件元素应该具有互不相关的目的。也就是说，一个元素承担的职责比较专一，它不会去承担应该由另一个元素承担的职责。关注点的分离是通过明确边界来达成的。边界是任何逻辑或者物理的限制，它能给一组特定的职责划定界限。关注点分离的目标是使各个软件元素各司其职，从而形成一个具有良好秩序的系统。

将关注点分离原则应用于软件设计有许多的好处。首先，每一个软件元素的目的单一会使得整个系统更易于维护，提高了可维护性后，系统整体也会变得更加稳定；由软件元素专注于单一目标所形成的解耦，使得它在其他系统中的复用变得容易。关注点分离也是现实世界中组织管理的一个理念，它使得团队责任明确。

4) 重用的原则

在成熟的工业中，部件(系统)可重用是大规模生产的前提。例如在机械行业、电子行业中，各个零部件具有高度的可重用性、互换性。软件行业需要向成熟工业学习，首先就是要学习可重用性。以往的可重用的软件部件，有的可以不加修改直接使用，有的进行修改后就可以再用，从而大大提高了生产效率，同时，可重用的软件元素有严格的质量保证，重用它们有助于提高整个软件产品的质量。所以在软件设计过程中，始终要考虑重用性的问题：一方面，需要考虑可以重用哪些现成的元素，从而能够改进开发，另一方面，需要考虑正在开发的软件如何提高可重用性，以利于后续的开发。

可重用的软件元素不仅包括程序（如子系统、组件、类库、代码等），也可以是测试用例、设计文档、设计过程和标准，甚至是设计知识。7.3节中将对此进行更为详细的阐述。

7.3 从可重用软件单元到可重用设计知识

典型的可重用软件元素包括类库、框架、中间件，而典型的可重用软件设计知识就是设计模式。

7.3.1 类库

类库（class library）是类的集合，一般的类库用以解决一系列常见编程任务（包括诸如字符串管理、数据收集、数据库连接以及文件访问等任务），也有针对不同开发任务的类库（如语音处理、图像处理、算法等）。围绕各种程序设计语言，都有大量的类库，从而形成了一个开发语言的生态环境。可以说类库的丰富程度是决定一个语言是否得到广泛应用的重要因素。

7.3.2 软件框架

虽然通过类的重用可以提高开发效率，但是这种重用在实践中存在着一些不足：① 目前的类库日趋庞大以至于使用人员难以掌握；② 大多数类的粒度还太小，人们不得不将多个类的对象组合起来并作为一个整体来使用，这就使得人们逐渐追求更大规模的软件重用。

软件框架（software framework），是指为了实现某个业界标准或完成特定基本任务的软件组件规范，也指为了实现某个软件组件规范时，提供规范所要求的基础功能的软件产品，此处用的是第二个含义。

软件框架是面向某领域的、可复用的"半成品"软件，它实现了该领域的共性部分，并提供一系列定义良好的"可变点"以保证灵活性和可扩展性。

所谓软件框架中的"可变点"有以下四种情况：

（1）模板参数化：软件框架提供代码自动生成工具，该工具根据用户设置的参数自动生成所需的代码。

（2）继承和多态：通过面向对象中的子类继承和重载，在子类中加入新的功能或改变父类的行为。

（3）动态绑定：在运行时刻动态绑定所需的对象服务，这可以通过一些软件设计模式实现。

（4）构件替换：通过替换框架中可插拔的构件来加入业务特定的功能。

使用软件框架进行开发，开发者只需要关注那些需要自己实现的部分，软件框架将会主动调用用户开发的软件组件，从而实现软件的功能。

软件框架有很多种,按其应用的范围可分为:

(1) 系统基础设施框架:用于简化系统级软件的开发,如操作系统、用户界面、语言处理等。开发框架的例子如 struts1、struts2、hibernate、spring、ibatis、Lucene 等。

(2) 企业应用框架:用于各类应用领域,如电信、制造业、金融等。如 Apache OFBiz 就是一个较全面的企业软件框架。

7.3.3　中间件

中间件(middleware)也是可重用软件。中间件位于操作系统、网络和数据库之上,应用软件的下层,作用是为处于上层的应用软件提供运行与开发的环境,帮助用户灵活、高效地开发和集成复杂的应用软件。

中间件一般是分布式的软件,在网络通信功能的基础上,提供了应用之间的互操作能力。中间件向应用提供的服务一般具有标准的程序接口和协议,同时应该具备跨平台的能力,就是说针对不同的操作系统和硬件平台,需要有符合接口和协议规范的多种实现。

目前中间件可以分为以下类型:

1) 数据库中间件

数据库中间件在所有的中间件中是应用最广泛、技术最成熟的一种。ODBC 就是一种典型的、相对简单而又广泛使用的数据库中间件,它允许应用程序和本地或者异地的数据库进行通信,并提供了一系列的面向应用程序的接口 API。在使用时,只要在 ODBC 中添加一个数据源,然后就可以直接在自己的应用程序中使用这个数据源,而不用关心目标数据库的实现原理、实现机制。

2) 远程过程调用(remote procedure call,RPC)中间件

远程过程调用广泛应用于客户/服务器架构中,使得程序员就像调用本地过程一样在程序中调用远程过程,然后将运行结果返回给本地程序。远程过程调用具有跨平台性,也就是说它的调用可以跨不同操作系统平台,程序员在编程时并不需要考虑这些细节。远程过程调用采用的是同步通信方式,对于比较小型的简单应用比较适合。但是对于一些大型的应用,这种方式不一定适合,同时在一些复杂应用中,需要考虑网络或者系统故障,处理并发操作、缓冲、流量控制以及进程同步等问题,这些是远程过程调用中间件所无法满足的。

3) 基于对象请求代理(object request broker,ORB)的中间件

对象请求代理是与编程语言无关的面向对象的 RPC 应用。从管理和封装的模式上看,对象请求代理和远程过程调用类似,不过对象请求代理可以包含比远程过程调用和消息中间件更复杂的信息,并且可以适用于非结构化的或者非关系型的数据。

4) 面向消息中间件(message oriented middleware,MOM)

消息中间件适用于需要在多个进程之间进行可靠的数据传送的分布式环境。

它的优点在于能够在客户和服务器之间提供同步和异步的连接,并且在任何时刻都可以将消息进行传送或者存储转发。消息中间件不会占用大量的网络带宽,可以跟踪事务,并且通过将事务存储到磁盘上实现网络故障时系统的恢复。

5) 事务处理中间件(transaction processing monitor,TPM)

事务处理中间件是针对复杂环境下分布式应用的速度和可靠性要求而实现的。它给程序员提供了一个事务处理的 API,程序员可以使用这个程序接口编写高速而且可靠的分布式应

用程序。事务处理中间件常见的功能包括全局事务协调、事务的分布式两段提交、资源管理器支持、故障恢复、高可靠性、网络负载平衡等等。

6）服务中间件

随着 Web 服务技术的应用和普及,出现了针对 Web 服务的中间件软件,其中最具有代表性的是服务总线,它是传统中间件技术与 XML、Web 服务等技术结合的产物。它消除了不同应用之间的技术差异,实现了不同服务之间的通信和整合。从功能上看,服务总线提供了事件驱动的处理模式,以及分布式的运行管理机制,它支持基于内容的路由和过滤,具备了复杂数据的传输能力,并可以提供一系列的标准接口。

7.3.4 设计模式

针对特定的设计问题,人们总结了一些成功的设计方法,为大家所共享,这就是设计模式。设计模式是一个问题和方案对,即针对什么问题,提供什么方案且这个方案有何优缺点,两者都加以明确化。

设计模式有许多。我们可以把它归为三类,即结构模式、行为模式和创建模式。结构模式用来降低类之间的耦合性,通常采用引入抽象类或者接口以实现未来的可扩展性;行为模式将算法或者功能实现进行合理分配,使得整体控制流程中的某一个步骤的功能实现能够动态替换或者改变;创建模式将复杂的对象生成过程进行了抽象,使得那些需要依据外界配置条件才决定生成一组对象的操作对软件其他部分透明。

图 7-1 列出了按照此三种分类的常见的设计模式。

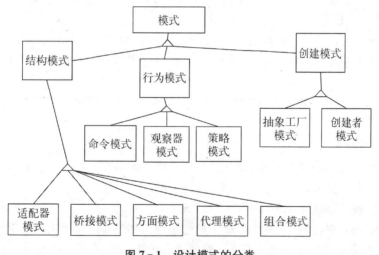

图 7-1 设计模式的分类

7.4 系 统 设 计

系统设计是围绕设计目标确定合理的系统构成和总体工作机制的过程。在总体设计中,也需要考虑系统实现的成本、时间、风险和质量因素。以下为典型的系统设计过程:

（1）确定设计目标：根据用户的需求或者市场的需求确定设计目标，这些设计目标通常是依据非功能需求而定的。

（2）确定子系统的分解结构：确定系统分为哪些子系统，各个子系统向外提供的接口，各个子系统之间是如何实现交互的。

7.4.1　系统设计中的概念

7.4.1.1　系统分解的概念

系统分解中涉及以下概念：

（1）子系统：子系统包含了一组紧密相关的类产生的对象。子系统一般具有定义良好的接口，因此具有整体的可替换性。

（2）服务：是由子系统提供的具有共同目标的一组相关的操作。

（3）子系统接口：经过完整定义的一组相关的接口。

系统分解就是定义具有良好接口的子系统的过程。

从大的角度看，系统分解有两种模式，即分层（layer）和拆分（partition）。

所谓"层"，也是一个子系统，该子系统向上层提供接口，同时利用下层系统的接口。分层体系结构使得各层有清晰的责任，并保持了实现上的独立性。因而，分层体系结构是目前的一种主流结构。典型的三层结构系统中各层分述如下。

（1）用户界面层：提供与用户交互的接口。用户界面层采用与 UI 设计相关的技术进行构造。

（2）应用逻辑和领域对象层：根据分析阶段得到的对象模型、动态模型而开发的软件对象模型，它们之间的协作能够实现业务功能。

（3）技术服务层：提供一些通用的对象或者子系统，负责与数据库、日志、网络等打交道，一般是与应用没有直接关系。在这一部分，我们经常会使用一些已有的类库、中间件甚至软件框架。

拆分是将系统从垂直的角度分成耦合度小的几个子系统，在多数情况下，拆分是按照功能进行的。

7.4.1.2　系统架构模式

系统架构模式是几种具有代表性的架构，在确定系统结构时，可以选用某种具有代表性的系统架构模式，根据它们，确定具体的结构方式。

1）客户机/服务器模式（client/server，C/S）

客户机/服务器结构是软件系统中最常见的一种。客户端向服务器方发送请求，服务器方根据接收到的请求向客户返回结果。这种模式随着数据库服务器的成熟而得到了推广，并且随着技术的发展，出现了许多不同的形态。

（1）两层 C/S 结构。该模式是最具代表性的客户机/服务器模式，也简称为"胖客户端"模式。在实际的系统设计中，该类结构主要是指前台客户端＋后台数据库管理系统。

（2）三层 C/S 结构与 B/S 结构。在三层 C/S 结构中，其前台界面送往后台的请求中，先经过业务逻辑层处理，再进行数据库存取操作，前台界面与业务逻辑层之间可以采用 TCP/IP 协议、自定义的消息机制、基于 RPC 编程来实现、基于 Java RMI，或者基于中间件如消息中间件来实现通信。

当前台采用 Web 页面,页面与 Web 服务器采用 http 协议通信时,这就是流行的 B/S（brower/server,浏览器/服务器）模式。

（3）多层 C/S 结构。多层 C/S 结构一般是指三层以上的结构,在实践中主要是三层与四层,四层即前台界面（如浏览器）、Web 服务器、中间件（或应用服务器）及数据库服务器,多层客户机/服务器模式主要用于较有规模的企业信息系统建设。

2）模型视图控制器模式（model, view and controller, MVC）

MVC 既是一种架构模式也是一种设计模式,MVC 可以带来更好的软件结构和代码重用。

在 MVC 中,将软件中处理输入、输出和处理功能的部分分开,使用 MVC 的软件分成三个核心部件:视图、模型和控制器。

（1）视图。视图是用户看到并与之交互的界面。例如,在 Web 程序中,视图就是浏览器中用户看到的页面。随着技术的发展,各种新型的用户交互形式不断出现,如语音接口、三维接口等,如何处理应用程序的界面变得越来越有挑战性。在 MVC 中,一个程序可以有多个视图,在视图中不包含处理逻辑。

（2）模型。模型表示企业数据和业务逻辑。在 MVC 的三个部件中,模型是最核心的部分。在面向对象的软件模式中,模型部分与具体的数据格式（返回给前端的结果）无关,这样一个模型能为多个视图提供数据。

（3）控制器。控制器接受用户的输入并调用模型和视图去完成用户的需求。在用户通过视图发出命令时,控制器本身不输出任何东西和做任何处理。它只是接收请求并决定调用哪个模型构件去处理请求,然后确定用哪个视图来显示模型处理返回的数据。

3）管道-过滤器模式（piper-filter）

管道-过滤器是一种比较经典的结构,它是从数据流的观点来观察系统。系统中包含的组件有管道和过滤器。需要处理的数据经过管道传送给过滤器,过滤器代表了一个处理步骤,提供了相对单一的功能。过滤器之间的顺序也可以配置。当数据通过所有的过滤器后,完成了所有的处理操作,得到了最终的处理结果。

管道-过滤器体系结构的一个例子是以 Unix shell 编写的程序。Unix 既提供一种符号,以连接各组成部分（Unix 的进程）,又提供某种进程运行机制以实现管道。

随着大数据的发展,管道-过滤器结构又得到了进一步的发展,现在的大数据处理平台 Storm 就是建立在管道-过滤器模式的基础上。

4）协调器架构模式（mediator）

当对象之间需要相互集成时,如果让它们直接进行集成,可能会形成复杂的网状调用关系。这样,当某一个对象发生改变时,许多对象都会受到影响。在系统设计时,我们希望它们可以较松散地耦合。这样可以保证这些对象彼此独立地变化。

通过引入协调器,可以把网状的系统结构变成一个星型结构,在这个星型结构中,对象之间不直接联系,而是都通过协调器进行联系。这样当某一个对象发生修改时,其他对象都不会受到影响。

5）点对点模式（peer to peer）

在 C/S 结构中,通常服务器承受了比较集中的负载,当请求量越来越大时,服务器也往往会成为瓶颈。在点对点模式中,系统中的节点都处于平等的地位,每个节点都可以连接其他节点,这样,系统中的节点越多,能力越强大。在这种架构中,一般需要由一个中心服务器完成发现和管理节点的操作。

6) 黑板模式(blackboard)

在这种架构中,相互独立的构件对中心数据进行操作,就好像多位不同的专家在同一黑板上交流思想,每个专家都可以获得别的专家写在黑板上的信息,同时也可以用自己的分析去更新黑板上的信息,从而影响其他专家。

黑板系统主要由以下三部分组成。

(1) 知识源(相互独立的构件):包含独立的、与应用程序相关的知识,知识源之间不直接进行通讯,它们之间的交互只通过黑板来完成。

(2) 黑板数据结构:按照与应用程序相关的层次来组织并解决问题的数据,知识源通过不断地改变黑板数据来解决问题。

(3) 控制:完全由黑板的状态驱动,黑板状态的改变决定了需要使用的特定知识。

黑板模式可用于非确定性问题求解、启发式解决过程。但是系统也存在可维护性、可重用不足,效率低下等问题。

7) 面向服务的体系架构模式(service oriented architecture,SOA)

面向服务的架构是一个组件模型,它将应用程序的不同功能单元——服务(service),通过服务间定义良好的接口和契约(contract)联系起来。接口采用中立的方式定义,独立于具体实现服务的硬件平台、操作系统和编程语言,使得构建在此系统中的服务可以使用统一和标准的方式进行通信。这种具有中立的接口定义(没有强制绑定到特定的实现上)的特征称为服务之间的松耦合。

服务是整个 SOA 实现的核心。SOA 架构的基本元素是服务,SOA 指定一组实体(服务提供者、服务消费者、服务注册表、服务条款、服务代理和服务契约),这些实体详细说明了如何提供和消费服务。遵循 SOA 观点的系统必须要有服务,这些服务是可互操作的、独立的、模块化的、位置明确的、松耦合的并且可以通过网络查找其地址。

SOA 的灵活性给企业带来了好处。如果把企业的 IT 架构抽象出来,将其功能以粗粒度的服务形式表示出来,每种服务都清晰地表示其业务价值,那么,这些服务的顾客(可能是公司的内部人员,也可能是公司的某个业务伙伴)就可以得到这些服务,而不必考虑其后台实现的具体技术。更进一步,如果顾客能够发现并绑定可用的服务,那么在这些服务背后的 IT 系统能够提供更大的灵活性。

7.4.2 确定系统设计目标

确定系统的设计目标是系统设计的第一步。显然系统目标的确定是依据需求而定的,而且主要是依据非功能需求而定的。

系统设计目标的具体依据可以是:

(1) 依据领域中的客观需要而得出:通过与客户的交谈,提炼客户对系统的设计目标。

(2) 通过对目前系统中存在问题的分析而得出:通过记录客户对目前系统的意见,对现有的一些指标进行进一步的提升得到对未来系统的目标。

(3) 通过对市场上类似系统的对比而得出:对比市场上的先进系统确定合适的目标。

为了确定系统的设计目标,可以采用一个通用的性能列表,这个列表中列出了一些通常要考虑的性能方面的问题,通过回答这些问题就可以确定系统的设计目标。

7.4.3　子系统的识别

子系统识别的依据是软件设计的各项原则。每一个识别出来的子系统应该是功能内聚、对外接口清晰的对象集合。为了达到这一点,可以采用以下一些策略。

(1) 按照架构模式来识别子系统:在确定了采用的架构模式后,按照架构中的子系统划分方式来确定子系统,比如说采用三层架构,就可以划分出三个子系统,即前台界面层、业务逻辑层和数据库层。

(2) 重用的外部软件作为子系统:许多时候我们可能会重用某一个外部的软件,要开发的软件与该系统通过接口进行集成。因此,将这样的一个软件作为子系统是一个自然的选择。

(3) 具有整体可重用性的部分作为子系统:在开发系统时,某些部分可能在未来具有通用性。企业中开发软件时可能围绕某一领域开发多个系统,为了提高系统的可维护性包括开发效率,我们会抽取可重用的部分构成相对独立的子系统。

(4) 观察设计类图,将关联密切并且功能相关的类作为子系统:在设计类图中如果明显呈现出分块的特点,那么可以考虑将这些块作为子系统。

(5) 将一个用例中涉及的类放在相同的子系统中:这种方法是按照功能进行系统的分解。

(6) 专门的子系统负责数据管理、底层服务:可以把一些向上提供公共服务的类放在一起作为一个子系统。

检验子系统是否划分合理的判断依据主要是:

(1) 子系统之间的关联要少。

(2) 子系统内部的对象功能相关。

7.5　对　象　设　计

确定有哪些对象、有什么样的方法、属于谁、对象之间如何交互,这是开发面向对象系统的核心。对象设计就是根据分析阶段的成果,确定软件对象以及它们之间交互的具体细节的过程。

对象设计围绕用例描述展开,使得每一个用例的流程能够通过软件对象的交互完成,其模拟了现实中用例流程的实现,这是面向对象方法学的一个体现。然而,现在在进行软件设计时,又要依据软件知识、计算机知识考虑对执行速度、消耗资源等进行优化,因此会提出与实际中流程并不相同,但是更符合软件特点的方案。

7.5.1　对象设计的相关概念

现介绍几个与对象设计相关的概念。

(1) 用例实现:用例实现是针对一个用例,考虑如何定义软件类,并定义这些类的对象之间的交互行为从而对用例进行实现。

（2）责任分配：对象设计的过程其实是责任分配的过程。每一个对象在软件系统中都需要"负责一些事情"，也就是说在接到一个消息后，要完成一些工作。这种工作可以分为两类：① 自己完成某项工作，如创建一个对象或者进行一个计算；② 控制或者协调其他对象。

一个对象要能够具有完成责任的"能力"，它需要：① 具有内部的数据；② 知道相关的对象。

这就好比一个人的能力不仅取决于自身的素质，也取决于其社会关系。

责任并不等同于类的方法，但是方法是用来完成责任的手段。

（3）设计类图：设计类图是经过设计过程确定的软件类以及它们的关系构成的类图，它是后面进行代码实现的直接参考。UML 中并没有专门的设计类图，只有类图，用于表达软件类的类图就是设计类图。

7.5.2　对象设计的工具与过程

对象设计中围绕用例，确定相关的设计类，并通过在设计类中分配相关的责任，从而得到每个类应该具有的属性、方法。因此，表达对象设计成果的工具是设计类图，而如何依据设计决策，进行责任分配，最后得到类的细节的过程是通过画交互图完成的。因此交互图是对象设计中最重要的工具。初学者可能会认为类图是最重要的，实际上，画交互图比画类图重要，因为它直接反映了决策的过程，类图只是设计决策的结果。

对象设计可以有不同的步骤安排，以下是一个指导性的步骤。

（1）设计对象的识别：在分析阶段创建了分析类图，它们是领域概念的直接体现，在对象设计过程中，依据分析类图，进行设计类的识别，总体上，设计类与分析类具有对应关系，然而，由于设计类是软件类，所以可能会根据软件本身的特点，进行一些调整。比如出于软件技术本身的考虑，添加一些分析类中没有对应的设计类，例如增加一些类专门负责与数据库的交互等。

（2）设计类的定义：随着交互图的构造，我们逐步添加了设计对象及其设计类，依据领域模型中定义的分析类的属性，交互图中涉及的属性为设计类添加属性；同时依据交互图中消息信息，给设计类添加方法；并依据交互图中的消息发送关系添加类之间的关联关系，从而形成设计类图。

（3）模型优化与重构：在设计类定义过程中，我们可能会发现一些模型中值得优化与重构的地方，例如，如果发现多个类具有相似的属性和方法，就可以引入一个父类来定义共同的属性和方法。这个阶段中对模型的优化与重构甚至可能涉及对分析模型的优化与重构。

7.5.3　对象识别和定义

7.5.3.1　对象识别与责任分配

对象设计是用例驱动的，也就是说，我们需要针对用例描述，特别是用例描述中的系统操作，确定哪些对象需要参与进来、每个对象在其中担当的责任以及它们之间是如何通过消息交互进行协作的。因此，在设计时，首先从系统操作开始，从分析类图中寻找所需要的分析类，将它引入进来，变成对应的设计类，然后将责任逐一分配给设计类。

以下为针对一个系统操作展开的设计工作：

(1) 选择一个用例。

(2) 选择用例的一个系统操作。

(3) 确定 UI 层上哪个 UI 对象负责接受用户操作产生该系统操作，这是一个 UI 设计问题。

(4) 确定由哪一个控制类对象接受由 UI 对象传过来的系统操作消息。

(5) 控制类对象决定接下来由哪个设计类对象接着进行处理并发送相应的消息给这些对象，如果所需要的设计类不存在，去分析类图中找可以承担该责任的类，创建一个对应的设计类。

(6) 接到消息的对象如果自己单独能够完成消息的处理，则不再传递消息给其他对象；如果它自己无法独自完成消息的处理，那么需要确定由哪个设计类对象接着进行处理并发送相应的消息给这些对象，如果所需要的设计类不存在，去分析类图中找可以承担该责任的类，创建一个对应的设计类。

在上述过程中，第 6 步将不断重复直到不再需要别的对象参与进来。

在软件设计中，进行对象识别和责任分配非常类似于管理一个企业。如何成功地管理一个企业呢？需要定义清楚企业内部各种角色的职责，做到责任分明，各司其职。软件对象之间的责任分配也是如此。

以下我们列出了在进行对象识别和责任分配时值得注意的问题。

1) 责任分配的基本出发点

对象设计是依据责任分配思路来进行的。责任分配的基本出发点是先确定完成这个责任需要哪些信息，然后看这些信息分别在哪些对象那儿，谁拥有信息，谁就应该承担一定的责任。这显然与我们的生活常识相匹配，在办一件事情时，我们得去找拥有信息干这件事情的人，这样最为直接，而不是绕几个圈子找其他人办事使得事情更为复杂。

2) 控制类的选择问题

系统操作一般都是由 UI 层对象产生，然后经过一个控制类对象将消息传递给领域层的对象进行处理。通过这种方法实现了 UI 层和功能实现软件的分离，这是模型视图分离原则的一种体现。由于 UI 层唯一地通过控制类对象与领域层联系，所以 UI 层的改变或者整个的替换都不会影响领域层。

控制类的定义有两种情况，一种是系统比较复杂，功能比较多，此时，我们可以针对一个用例创建一个控制类，称为用例控制器；另一种是系统相对比较简单，那么整个系统中只要设计一个控制类就可以了，称为系统控制器。

值得指出的是控制类对象主要的职责是消息传递和协调，而非自己去完成工作。这就好比一个企业中的管理者，他们的责任通常也是消息传递和协调，而不是自己去完成业务。

3) 生成一个新对象的责任分配

一些时候，需要生成一个新对象，那么这个责任应该分配给谁呢？这时候考虑将此责任分配给那些本来就与该对象有密切关系的对象，这样的话，不会增加新的耦合性。

4) 多种方案的权衡

在许多时候，我们并没有一个唯一的解决方案。此时，指导我们在方案中进行选择的依据就是高内聚和低耦合。

5) 发明新的软件类

虽然在引入软件类的时候,总是从领域模型中去找对应的分析类获得参考,然而软件毕竟不等同于实际问题。有的时候,我们会"发明"新的类,以负责一些与软件技术相关的专业性的事务,比如说有一些类是专门负责去创建对象的,有一些类是专门负责数据访问的,这些发明的新的类能够解决专门的问题,给其他对象提供了公共的服务。这就好比每一个企业原来都需要自己办食堂解决员工的吃饭问题,看中这个商机后,专门出现了给各个企业提供工作餐的企业,这样就可以节省社会成本。

7.5.3.2 对象定义

对象的定义是依据交互图进行的,当然,交互图的绘制也与对象定义有关,因此,对象定义与交互图绘制是并行开展的。

对象可见性(visibility)是对象看到或引用其他对象的能力。为了使发送者对象能够向接收者对象发送消息,发送者必须具有接收者的可见性,即发送者必须拥有对接收者对象的某种引用或指针。

实现对象 A 到对象 B 的可见性通常有四种方式:

(1) 属性可见性(attribute visibility):B 是 A 的属性。

(2) 参数可见性(parameter visibility):B 是 A 方法中的参数。

(3) 局部可见性(local visibility):B 是 A 方法中的局部对象(不是参数)。

(4) 全局可见性(global visibility):B 具有某种方式的全局可见性。

为了使对象 A 能够向对象 B 发送消息,对于 A 而言,B 必须是可见的。以下为对象定义的步骤:

(1) 检查交互图并列出提到的所有类。

(2) 给这些类画类图,列出通过领域模型中识别出来,并在设计中采用的属性。

(3) 添加方法名。通过分析交互图,每一个类具有的方法可以确定。在交互图中,如果一个对象接收一个消息,那么它就需要提供一个与此消息对应的方法。以下为一些特别的方法设置:

a. 获取或者设置属性值。从信息隐藏的观点看,应该把类里面所有的属性设置为私有,并分别定义 Get 和 Set 方法来获取属性值或者修改属性值。在实践中,出于简化软件实现或者提高访问效率的考虑,我们可能会把某些属性设置为公共。

b. 对象的初始化。在交互图中通过 create 消息进行表示,但是,每一种语言有各自特定的实例化或者初始化的方法,我们需要按照特定的语言进行该方法的表达。

(4) 添加关联:从一个类 A 的对象发消息给另外一个类 B 的对象,那么需要 A 与 B 之间具有关联关系。在关联关系里,每一端的类称为一个角色,在设计类图中,角色可以用方向箭头修饰,关联上的方向箭头一般解释为从源到目标类的属性可见性,它一般实现为源类中有一个指向目标类对象的属性。下列情形可以定义从 A 指向 B 的方向性修饰:

a. A 的对象发送消息给 B 的对象。

b. A 的对象创建 B 的对象。

c. A 的对象需要保持与 B 的对象连接。

(5) 添加依赖关系:依赖关系表明一个类的对象知道另外一个类的对象,它用虚线箭头表示,从依赖端指向被依赖端。在类图中,依赖关系可以表示非属性可见性,即参数,全局或者局部可见性。

7.5.3.3　模型优化

在设计完成后,可以对设计模型进行仔细检查,除了保证模型的一致性(交互图与类图)、模型的正确性外,还可能发现一些值得优化的地方。

(1) 发现新的类的继承层次:如果在模型中发现某些类具有共同的属性和方法,可以提取出一个公共类,把共同的属性和方法放在这个类中,再定义一个继承关系;如果发现某一个类中不同的子类型有行为上的差别,那么可以去定义一些子类,通过重载、多态机制使子类具有自己的个性行为。

(2) 压缩类成为属性:如果一个类中只有访问其属性或者修改其属性的方法,可以考虑把它压缩为另外相关的类的属性以简化模型。

(3) 效率优化:我们可以围绕效率方面的优化进行一些特别的设计。例如,通过增加额外的关联使得访问变得直接从而提高了访问效率,也可以把计算的中间结果保存在某一属性中,这样下次就可以不计算而直接把结果取出来。但是这种效率优化有时可能会导致模型质量的下降,因此应该谨慎地使用。

7.5.3.4　对象设计的注意点

1) 特殊用例的考虑

对象设计是由用例驱动的,而这些用例反映了用户的需求。任何一个系统都是需要启动和关闭的,另外,系统在运行过程中还可能发生一些意外,需要进行恢复操作。这些情形并不在通常的用例考虑范围之内。所以就需要设置一些特别的用例来反映这些情况。这些用例列举如下。

(1) 启动用例(start up use case):系统在启动的时候要完成的工作。一般而言,系统在启动时要创建在系统运行过程中一直存在的对象——UI对象、控制类对象并建立相互之间的关系。

(2) 结束用例(end up use case):系统在关闭时要做的工作。为了保证系统能够安全退出,需要保证数据的完整性,清理内存,清理网络连接、与数据库以及其他系统的连接。

(3) 异常用例(exception use case):系统出现异常后,需要做的工作,具体要做什么工作取决于设计策略。例如有些系统异常后,需要进行数据恢复,那么就需要描述数据恢复过程。

除了针对普通用例进行设计外,最后需要再针对这些特殊用例进行设计。

2) 需要遵循的软件设计基本原则

软件设计的基本原则是需要遵循的。然而,并不能教条。例如对稳定的元素和普遍的元素的高耦合一般不是一个问题。例如,一个Java J2EE应用对Java库(java.util,等等)的耦合没有问题,因为它们是稳定的,并普遍使用。

3) 为可能的变化进行针对性的设计

对于初学者而言,所进行的设计可能是比较脆弱的,也就是说对于一些未来可能发生的变化没有采取一些特别的设计。对于学习到一定程度的人来说,他们在各个地方都会假想可能发生的变化并进行针对性的设计。然而,实际上,有些地方并不一定会发生这种变化,因此真正的高手只是在恰当的地方为将来可能的变化来进行针对性的设计。

7.6 运行设计

除了获得类的构成以及它们的关系外，还需要对软件的运行机制做设计。在运行设计中，需要分析并发需求，确定程序中有哪些进程，确定进程之间的通信机制和协调机制，确定进程的生命周期，并把模型元素分配到各个进程中去。以下为典型的步骤：

（1）分析并发需求。

（2）确定进程和线程。

（3）确定进程的生命周期。

（4）确定进程之间的通信机制。

（5）确定进程之间的协调机制。

（6）将进程映射到运行环境中。

（7）将模型元素分配到各个进程中。

在 UML 中，每一个独立的控制流可以建模为主动对象（active object），换言之，每一个主动对象拥有自己的进程或者线程，它能够独立发起一个执行活动。主动对象是主动类（active class）的实例。而普通的对象，我们称为被动对象（passive object）的是那些拥有数据，但是不能主动发起一个控制流的对象。不同主动类的对象可以并行运行。

进程可以采用以下两种表示方法，即类或者组件上带上范型"≪process≫"（见图 7-2）。

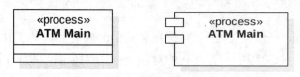

图 7-2 进程的表示

类似的，线程可以用以下两种表示方法（见图 7-3）。

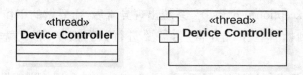

图 7-3 线程的表示

进程之间的关系可以表示成依赖关系，如图 7-4 所示。

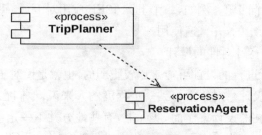

图 7-4 进程之间的依赖关系

线程与其所属的进程属于一种组合关系,如图7-5所示。

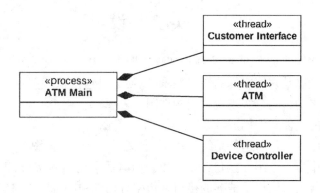

图7-5 线程与进程的关系

我们也需要把设计元素分配到进程中,图7-6是线程中包含的类。

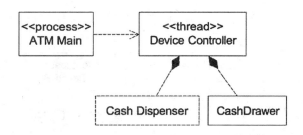

图7-6 线程包含的类

通过把系统中所有的进程、线程及类的关系表达出来就形成了进程视图,如图7-7所示。

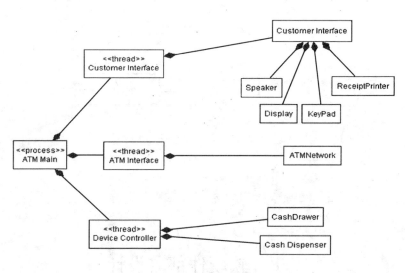

图7-7 进程视图

7.7 实现设计

实现设计考虑软件的实现方式,它通过实现视图来表达。实现视图为系统的构件模型,即构造应用的软件单元以及它们之间的依赖关系,以便通过这些依赖关系来估计对系统构件的修改给系统可能带来的影响。实现视图用构件图来表现。

针对开发工程的具体文件构成,需要定义一个构件图。

针对编译后形成的实际可运行系统,也需要定义一个构件图。图7-8是经过编译后售票系统的构件图。图中有三个用户接口:顾客和公用电话亭之间的接口、售票员与在线订票系统之间的接口和监督员查询售票情况的接口。售票方构件顺序接受来自售票员和公用电话亭的请求;信用卡主管构件之间处理信用卡付款;还有一个存储票信息的数据库构件。构件图表示了系统中的各种构件。在个别系统的实际物理配置中,可能有某个构件的多个备份。

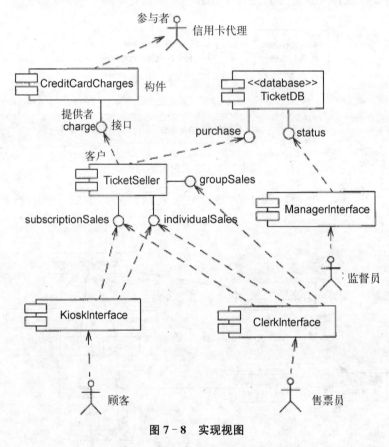

图 7-8 实现视图

7.8 软硬件部署设计

部署设计定义软件在硬件环境中的分布方式。考虑软硬件的匹配问题需要确定哪些部分可以用硬件实现,哪些部分用软件实现。硬件技术和软件技术必须相互适应。随着多核CPU、GPU、大内存的广泛应用,软件设计中应该考虑硬件技术的发展。

7.9 数据管理设计

目前数据管理的技术手段主要有三种:内存、文件和数据库。

内存数据,顾名思义就是将数据放在内存中直接操作的数据存储方式。相对于磁盘,内存的数据读写速度要高出几个数量级,将数据保存在内存中相比从磁盘上访问能够极大地提高应用的性能。

文件系统把数据组织成相互独立的数据文件,实现了记录内的结构性,但整体无结构;而数据库系统实现整体数据的结构化,这是数据库的主要特征之一,也是数据库系统与文件系统的本质区别。在文件系统中,数据冗余度大,浪费存储空间,容易造成数据的不一致;数据库系统中,数据是面向整个系统,数据可以被多个用户、多个应用共享使用,减少了数据冗余。文件系统中的文件是为某一特定应用服务的,当要修改数据的逻辑结构时,必须修改应用程序,修改文件结构的定义,数据和程序之间缺乏独立性;数据库系统中,通过 DBMS 的两级映象实现了数据的物理独立性和逻辑独立性,把数据的定义从程序中分离出去,减少了应用程序的维护和修改。

7.10 其 他 设 计

其他设计中包含访问控制。访问控制是为提高系统的安全性进行的设计,不同的角色对不同的功能、不同的数据在不同的时间有不同的访问权限。软件中需要考虑一个通用的访问控制机制,以避免将访问控制的方法直接实现在软件代码中。

7.11 设计阶段交付物

7.11.1 设计模型

在设计过程中必须完成设计模型的构造。设计模型采用 UML 语言,通过特定的工具进行建模,从而形成一个模型文件。为了便于交流,我们也可以把它整理成文档。

当把设计模型整理成文档,需要包含以下几部分。

1)用例视图

尽管 Use-Case 主要是分析阶段的产物,但是将 Use-Case 图放在模型中,便于理解后续的设计。在此部分中,需要提供一张用例图。

2)逻辑视图

(1)系统结构。首先利用 UML 的包图,画出一个系统架构的表示图。在设计类图完成后,每一个包画一张它所包含的类图。

（2）Use-Case 实现。在该节中需要针对每一个 Use-Case,通过交互图的方式表达相应的设计。因此,其格式可以表示为：

a. <Use-Case 1>实现。

采用交互图的形式完整定义该 Use-Case 的实现过程。一个 Use-Case 中所有系统操作都必须得到相应的设计。如果一个用例比较复杂,可以分几个交互图进行表达。

b. <Use-Case 2>实现。

······

（3）设计类图。将 Use-Case 实现中涉及的所有设计类以及它们的关联关系,画在一张设计类图中。如果类比较多,可以先画一个包图,然后画出各个包中包含的类图。

（4）其他图。

如果需要,针对某一个类给出其状态图。

如果需要,针对某一流程构造活动图。

3）实现视图

针对每一个子系统,画出其对应的组件图。需要画两种组件图：

（1）一种为开发环境中的组件构成及依赖关系。开发环境中的组件指的是程序源文件以及它所依赖的其他文件。

（2）另一种为编译后生成的组件及其依赖关系。

组件内部可以画出它包含的类以及类的关系。

4）进程视图

通过类图或者组件图的形式表示进程类、线程类及其相互关系,通过类图表示进程、线程中包含的类。

5）部署视图

画出系统的物理部署图。

7.11.2　软件架构文档

软件架构设计文档对软件的系统结构进行了描述。它主要采用设计模型中各种模型进行表达。但是并非设计模型中所有的模型都包含在此文档中,此文档中一般涉及对架构有重要影响的用例,并围绕它们介绍相关的模型。当然,软件架构文档中不仅应该给出模型图,也需要提供文字描述,表明做出相应设计决策的理由。

以下为除了前言以外的其他章节的说明。

7.11.2.1　目前软件系统体系架构

对目前存在的系统进行描述,如果原来没有系统,则对相类似的系统进行描述。指出目前系统存在的问题,新系统希望得到的改进。

对原来系统架构的描述可以采用 UML 包图,或者部署图。

7.11.2.2　软件系统架构设计目标

本节说明对构架具有某种重要影响的软件需求和目标,例如,安全性、保密性、市售产品的使用、可移植性、分销和重复使用。还应记录可能适用的特殊约束：设计与实施策略、开发工具、团队结构、时间表、遗留代码等。

7.11.2.3 建议的软件系统架构

1）概述

对整个软件的架构进行概述,给出软件架构采用的架构模式及其选择理由。

描述软件架构中重用的框架、中间件和类库。

简略描述包含哪些子系统,每个子系统的功能是什么。

2）用例视图

本节选择列出所有用例中的某一些用例或场景,这些用例或场景应体现最终系统中重要的、核心的功能;或是在构架方面涉及范围很广（使用了许多构架元素）;或与构架中某一特别的设计有关。

3）系统逻辑视图

（1）系统架构。首先利用 UML 的包图,给出一个系统架构图,简要介绍该系统架构的特点,各个子系统的功能。

（2）子系统。针对每一个子系统描述:① 子系统的功能;② 子系统向外界提供的服务的详细描述(定义其接口具体形式);③ 给出每一个子系统的组件图、类图。

（3）用例实现。针对选择的每一个核心用例,用顺序图刻画其具体实现。

（4）子系统协作。以交互图的形式围绕核心用例,刻画子系统之间的协作过程。此时,每一个子系统是一个黑盒子,在交互图中作为一个对象。

7.11.2.4 系统运行视图

该部分首先描述系统的控制流结构的选择,例如是采用数据流驱动、事件驱动,还是采用多线程。

如果软件中涉及并发的情形,提供相应的进程视图给予相应的解释。

7.11.2.5 系统实现视图

该部分分为两部分。

（1）系统开发模型：首先说明开发环境、开发语言、版本控制工具的选择,在开发环境中一个项目包含哪些目录,包含哪些源文件,用组件图来说明源文件包含的类,以及源文件之间的依赖关系。

（2）系统实现模型：定义编译后的可执行文件及其依赖关系。通过组件图来表示可执行文件及其依赖关系。

7.11.2.6 系统物理视图

利用 UML 的部署图描述系统的软硬件部署方式。列出硬件配置的规格要求以及选择理由。

7.11.2.7 边界条件设计

描述了系统中如何启动、关闭以及进行错误处理。描述的方式是采用用例的方式来进行说明,即提供启动用例、关闭用例、错误处理用例的分别说明,并通过交互图来说明这些用例是如何实现的。

7.11.2.8 数据管理

采用 UML 的类图表示那些需要持久化的数据。说明选择的数据持久化保存的方式及理由。如果是数据库保存,确定所选的数据库管理系统,并给出数据库的表设计,如果是文件系统,说明文件的目录结构、文件的格式。

7.11.2.9 其他设计

列出针对设计目标提出的特别的设计考虑,比如说访问控制和安全、可靠性设计等。

(1) 访问控制和安全设计。采用表格列出不同的操作者对不同对象的权限;描述用户认证的方式;如果需要,给出数据的加/解密方式、给出接口调用的安全认证;其他安全问题。

(2) 可靠性设计。如果有特定的可靠性要求,给出在可靠性方面采取的特定设计方案。

第8章 构造阶段

在设计完成后,构造阶段是根据设计模型"生产"软件系统的过程。在这个阶段,关注的重点是如何高效、高质量地把软件代码编写完成。因此,需要确定开发环境,制订编码规范,并按照计划协调各个团队开展工作。

尽管构造阶段看上去似乎不像设计阶段那么多创造性,实际中依然也包括了一些决策和创新工作。有一些人认为如果设计模型做得足够详细,那么代码生成就是一个机械的翻译过程。这一观点并不正确,因为在构造阶段,必然会发现一些在设计阶段没有考虑到的细节,或者在设计阶段考虑不够正确的情况,这些问题需要一一解决。

在本章中,我们将介绍与构造相关的一些概念,包括正向工程、逆向工程、重构、单元测试等概念。然后介绍依据模型生成代码的具体方法,并对构造中可能进行的优化进行具体的讨论。

8.1 构造阶段的主要内容

构造阶段要完成代码的编写、数据库的设计等工作。构造阶段中运用建模工具、编程环境、测试工具等多种有助于提高生产力的手段。构造阶段也需要按照一定的规范去编写代码,以形成风格一致、良好的代码。

在构造阶段,除了提交完成的代码、数据库定义文件等交付物,还将撰写模块开发卷宗,以对自己的开发工作进行记录。

8.2 正向工程与逆向工程

8.2.1 正向工程与模型驱动的体系架构

正向工程(forward engineering)是通过到实现语言的映射而把模型转换为代码的过程。通过正向工程可以实现从建模到代码的连接和过渡。许多工具提供了正向工程的支持。

长久以来,在软件工程领域有一个梦想,那就是仅仅通过构造模型而不用编写代码就能完成软件开发。随着许多技术包括中间件、UML、XML、软件框架、设计模式、正向工程等的发展,我们向这一目标不断前进。

模型驱动体系架构（model driven architecture，MDA）是由对象管理联盟（Object Management Group，OMG）提出的一个构想，目的是将目前的开发行为提升到更高的抽象层级——分析模型级，把针对特定计算平台的编码工作交由机器自动完成，这样的情况下，业务逻辑与实现技术实现了解耦，两者相对独立变化，因此模型的价值被最大化（见图8-1）。

MDA 在目前技术的基础上，分离出了两个抽象级别的模型：平台无关模型（platform independent model，PIM）和平台相关模型（platform specialize model，PSM）。PIM 是一个纯粹的不考虑实现技术的分析模型，而 PSM 可以视为一个基于特定实现技术，比如 J2EE 的设计模型。工程师们只需要建立表达业务逻辑的 PIM，从 PIM 到 PSM 以及至代码实现都是由第三方的自动化工具来完成的（见图8-1）。

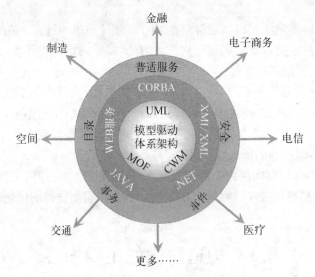

图 8-1 模型驱动体系架构

为了实现 MDA，OMG 制定了一系列的标准：

（1）UML：UML 被 MDA 用来描述各种模型。它是 MDA 的基础。

（2）MOF：无对象工具（meta object facility，MOF）是比 UML 更高层次的抽象，它的目的是为了描述 UML 的扩展或者其他未来可能出现的类 UML 的建模语言。

（3）XMI：XMI（XML-based metadata interchange）是基于 XML 的元数据交换。它通过标准化的 XML 文档格式和 DTDs（document type definitions）为各种模型定义了一种基于 XML 的数据交换格式。这使得作为最终产品的模型可以在各种不同的工具中传递。

（4）CWM：公共仓库无模型（common warehouse metamodel，CWM）提供了一种数据格式变换的手段，在任意级别的模型上都可以使用 CWM 来描述两种数据模型之间的映射规则。

UML、MOF、XMI、CWM 等一系列标准分别解决了 MDA 的模型建立、模型扩展、模型交换、模型变换这几个方面的问题。OMG 试图通过标准化的定义，扩大 MDA 的应用范围。同时通过这样一个可扩展的建模语言环境，IT 厂商可以自由实现自己的建模语言，以及语言到可执行代码的映射。

针对 MDA 的思想，目前不少厂商已经推出了一些工具。然而，目前离 OMG 的最终构想还存在一定的差距。

8.2.2 逆向工程

"逆向工程"的起源是对硬件产品的分析。人们通过分析竞争对手的硬件产品以便改进自己的产品,或者仿照对手的产品。这个概念应用到软件系统时,指的是人们利用方法获得对软件系统及软件系统结构的理解。对一个硬件系统实施逆向工程,一般是为了得到这个系统的复制品;而对一个软件系统实施逆向工程,通常是为了获得对这个系统在设计层次上的理解,以便于系统的维护、巩固、移植。

在基于模型进行软件开发的过程中,需要通过正向工程生成代码框架,在编写代码的过程中可能会对原来的代码框架进行修改,这些修改会导致模型与代码的不一致,因此,需要通过逆向工程再次生成模型,从而保证模型与代码的一致性。

近几年来,开放源代码逐渐成为一种趋势,为了达到软件架构和设计模式的复用,从源代码中获取软件设计模式和架构模式也将成为广泛的需求,逆向工程就是一种有用的方法。

8.3 单元测试与测试驱动开发

在软件开发过程中,开发者需要保证自己编写的代码是正确的。单元测试就是由开发者自己编写一小段代码,用于检验被测代码的某一小的、明确的功能是否正确。

单元测试是由程序员自己来完成。程序员有责任编写功能代码,同时也就有责任为自己的代码编写单元测试。执行单元测试,就是为了证明这段代码的行为和我们期望的一致。

在实际软件开发过程中,有些时候程序员会由于某些原因没有进行充分的单元测试,给软件留下了危险。为了改变这个情况,Kent Beck 最早在其"极限编程(XP)方法论"中,向大家推荐"测试驱动"这一方法,还专门撰写了《测试驱动开发》一书,详细说明如何实现。测试驱动开发(test-driven development,TDD)是一种不同于传统软件开发流程的新型的开发方法。它要求在编写某个功能的代码之前先编写测试代码,然后只编写使测试通过的功能代码,通过测试来推动整个开发的进行。这有助于编写简洁可用和高质量的代码,并加速开发过程。

8.4 软 件 重 构

一个项目的代码质量往往有可能会随着时间的推移变得越来越糟糕,代码越来越臃肿,越来越难以理解它的本意,添加新功能越来越难。

重构通常指在不改变代码的外部行为情况下而修改源代码。重构是代码维护中的一部分,既不修正错误,又不增加新的功能性。而是用于提高代码的可读性或者改变代码的结构和设计,使其在将来更容易被维护。特别是,在现有程序的结构下,给一个程序增加一个新的行为会非常困难,因此开发人员可能先重构这部分代码,使加入新的功能变得容易。

Martin Fowler 等人总结出了一些常用的重构技术,将其写成了一本面向对象领域的经典著作《重构:改善既有代码的设计》。

重构有以下好处:

（1）重构能够改进软件设计，可以减少代码量，使以后的维护、开发更方便。

（2）重构使软件更容易理解。

（3）重构的时候，由于必须去阅读代码、分析和理解逻辑，这样就很可能发现一些逻辑或是简单的错误。

重构可以在添加新功能时、修改错误时和复审代码时进行。

当开发进入尾声的时候，这时候不应该重构，因为这时候重构往往得不偿失，可能会引入错误，还会拖累项目交付时间。

8.5 从设计模型生成代码

从设计模型生成代码的映射规则如下。

1）类的映射

在设计类图中定义的每一个类都是将被映射到代码中的类。

2）属性的映射

设计类中定义的属性将直接映射为代码中的属性。不同编程语言中数据类型有所差异，在映射时需要考虑这种差异。比如说 Java 中的 Date 类型包含了通常所指的日期和时间。

3）方法的映射

方法一般进行直接映射，有两种方法需要特殊处理：

（1）创建方法映射成相应语言中的构造函数。

（2）集合对象的方法需要转换成所采用的集合类所具有的方法。

4）类的关系的映射

类的关系有依赖、关联、聚合、组合和继承。从耦合强度的角度看，依次增强。它们在实现为代码时，也都有相应的体现。

（1）依赖关系。依赖关系有如下三种情况：

a. A 类是 B 类中的（某种方法的）局部变量。

b. A 类是 B 类方法当中的一个参数。

c. A 类是一个全局对象，B 类的对象访问该全局对象的参数。

图 8-2 为一个依赖关系的例子，其在代码中的体现为 Facility 作为一个 Meeting 方法的一个输入参数。

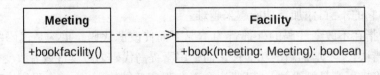

图 8-2 依赖关系

```
public class Meeting
{
    public void bookfacility(Facility facility)
```

```
            {
                facility. book(self)
            }
            ......
    }
    pubic class Facility
    {
        public boolean book(Meeting meeting)
            {
                ......
            }
    }
```

（2）关联关系。关联一般映射为引用属性。类的引用属性是依据类图中的关联和方向性来确定的，一般将关联中的角色名字作为引用属性的名字。关联有不同的类型。

a. 双向关联，默认情况下，关联是双向的。在图 8－3 所示的例子中，两个类内部都有属性来保存对对方的引用。

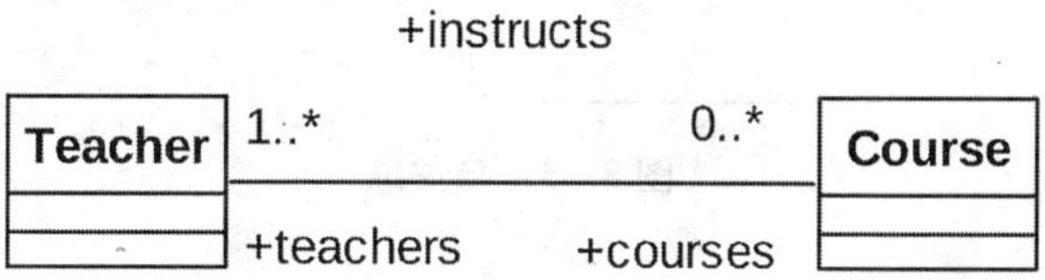

+instructs

Teacher	1..*		0..*	**Course**
	+teachers	+courses		

图 8－3 关联关系

```
Public class Teacher {
    public ArrayList courses;
    public Teacher(){}
    ......
}
Public class Course{
    public Arraylist teachers;
    public Course() {}
    ......
}
```

b. 单向关联。在关联有方向的情形下，从某一对象出发可以找到箭头所指的类的对象。图 8－4 所示的例子中 Course 内部具有属性来保存相关的 Teacher 对象的引用。

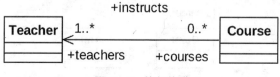

+instructs

Teacher	1..*		0..*	**Course**
	+teachers	+courses		

图 8－4 单向关联

```
Public class Teacher {
    public Teacher(){}
    ......
}
Public class Course{
    public Arraylist teachers;
    public Course() {}
    ......
}
```

c. 自关联。一个类的某些对象可以与另外一些对象有关联关系,如图 8-5 所示的例子,一门课程存在一些前序课程,那么在它的代码内部定义有该类型的对象(数组)作为属性。

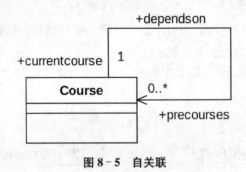

图 8-5　自关联

```
Public class Course{
    public Arraylist ⟨course⟩ precourses;
    public Course() {}
    ......
}
```

d. 关联的多重性。关联两端的角色具有数量上的对应关系,这称为关联的多重性。其在代码中一般通过将保存对象引用的属性定义为集合类、数组等得到体现。上述多个例子中均有体现。

(3) 组合和聚合。组合和聚合是一种更强的关联关系。前面已经讨论过它们的区别。图 8-6为一个案例。它们在实现为代码时,有以下一些区别:

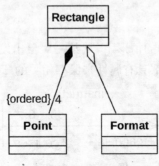

图 8-6　类的组合与聚合关系

```
Public Rectangle {
    public Arraylist Points;
    public Format format;
    public Rectangle(float x1, float y1, float x2, float y2, float x3, float y3,
    float x4, float y4){
        Points.add(new point(x1, y1));
        Points.add(new point(x2, y2));
        Points.add(new point(x3, y3));
        Points.add(new point(x4, y4));
    }
    Public SetFormat(Format format) {
                this.format = format;
    }
}
```

a. 构造函数不同。聚合类的构造函数中包含了另一个类作为参数。Rectangle 的构造函数中要用到 Format 对象作为参数传递进来。Format 可以脱离 Rectangle 而独立存在。

组合类的构造函数中包含了另一个类的实例化。表明 Rectangle 在实例化之前,一定要先实例化 Point 类,这两个类紧密的耦合在一起,同生共灭。一个 Rectangle 对象内部的 Point 对象是不可以脱离该 Rectangle 对象而独立存在的。

b. 信息的封装性不同。在聚合关系中,客户端可以同时了解 Rectangle 和 Format 对象,因为它们都是独立的。在组合关系中,客户端只认识 Rectangle 对象,根本就不知道它所包含的 Point 对象的存在。

(4) 继承关系。继承关系是面向对象的基本机制,因而任何面向对象语言都会给予直接支持,在此略过讨论。

有一种特殊的继承关系——实现关系,是用来规定接口和实现接口的类的关系,接口是操作的集合,而这些操作就用于规定类或者构建的一种服务(见图 8-7)。各种语言也会有机制来支持,例如 Java 中就用 implement 来支持。

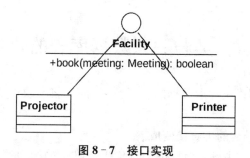

图 8-7 接口实现

```
public interface Facility
{
    public boolean book(Meeting meeting);
}
```

```
public class Projector implements Facility
{
    public boolean book(Meeting meeting)
    {
    ......
    }
}
public class Printer implements Facility
{
    public void boolean book(Meeting meeting)
    {
    ......
    }
}
```

5) 方法体

方法体内的代码可以通过观察消息的顺序，从而生成方法定义中的一系列声明。

8.6 构造过程中的优化

在构造过程中，可能发现设计阶段的不足，从而提出一些典型的修改，内容如下。

（1）调整类的继承结构：当观测到一些类共享属性和方法时，可以评估增加一个共同父类的必要性。

（2）方法的调整：当某一个类中的多个方法具有相似性，可以考虑合并这些方法；当不同方法中有相同的部分，可以把这一部分提取出来作为一个内部私有方法供调用。

（3）属性的调整：当通过引入属性保存信息能够给实现带来方便性时，评估此必要性。

当采取了优化步骤后，需要修改模型以保持一致性。

8.7 类与关系数据库表的映射

由于目前关系型数据库是存取数据的主要方式，因此将类映射成相应的表结构就非常有必要。其规则如下：

1) 将带有简单数据结构的类直接变成表

（1）将对象标识符变成主键：为每一个对象生成唯一的标识符，可以作为保存对象的关系型表中的主键（可以使用各种方案使得每一个对象有唯一的 ID）。

（2）为每一个属性定义相应的字段。

2) 类（集合类）的定义中将其他类（嵌套类）的实例作为属性的情况

（1）为嵌套类创建单独的表，嵌套类的对象给分配唯一的对象 ID。

（2）集合类对应一张表，每个对象具有唯一 ID。

（3）创建含有两列的表，第一列保存包含集合的对象的对象标识符；第二列保存在集合中的对象的对象标识符。

3）关联关系的映射

（1）一对多关联：与情形 2）一样处理。

（2）多对多关联：创建一个含有两列的表，每一行包含一对对象标识符，对于参与关联的对象各有一个。

（3）一对一关联：将另一关联的类的标识符作为外键。

4）继承结构

将继承结构映射为关系型数据库表有三种方法：

（1）只是将超类实现为表，所有子类的额外的属性也将变成超类表的属性，保存它们没有使用的空值。该方法最适用于子类与超类相比、在行为方面比属性方面差别更大的情况。需要有 type 属性以表明每一行表示哪个子类。

（2）只将子类实现为表。超类的属性保存在所有子类的表中。这只是在超类是抽象的、并且没有实例的情况下可行。

（3）将所有的类（子类和超类）实现为表。要为子类检索数据，子类自己的表和超类的表都需要访问。同样，在超类表中需要 type 属性。

8.8　构造阶段交付物

8.8.1　代码与模块

该阶段的主要交付物是代码和模块。

8.8.2　模块开发卷宗

模块开发卷宗用以记录开发过程中的相关信息，一般针对一个开发组件进行记录。

1）开发计划

列出开发该组件的计划的进展情况，包括以下内容：

（1）参与人员与承担的任务。

（2）开发前原始计划（包括开发、测试、检查各节点的时间）。

（3）实际进度（各节点实际完成的时间）。

2）功能描述

功能描述是指列出相关的用例。

3）设计描述

（1）对每一个待开发的组件，列出其属性、方法。

（2）给出相关的设计类图。

4）源代码清单

分文件给出相关的源代码。

5）测试描述

填写表8-1：

表 8-1　测 试 信 息 表

测试编号	目　的	输　入	输　出

6）审查结论

在该部分确认所列的测试是否通过，所开发完成的功能是否符合期望，所开发完成的代码是否符合设计要求。

第9章 软件测试

在软件开发过程中以及软件开发完成后,如何验证软件满足了要求,不存在缺陷呢? 由于软件系统复杂性和对其他软件、硬件的依赖性,没有办法通过数学证明或者别的技术手段来回答这个问题。在实际软件开发项目中,软件测试是一个不可缺少的环节,它通过将实际输出与预期输出进行审核或者比较,来揭示软件中存在的缺陷,以便开发者进行改进。由于不可能执行所有的情况,因此我们是通过设计一些测试用例希望它们能够揭露尽可能多的软件中存在的缺陷。同时,由于测试的时间和费用有限,也需要认真规划测试过程,使测试达到的效果最好。

另一方面,广义的测试活动不是软件开发后续过程中的一个阶段,测试的对象也不仅是程序本身。测试活动应贯穿于软件开发的整个过程,只有这样,才能更有效率地开发出有质量保障的优质软件系统。尽管测试工作贯穿了软件开发的全过程,但是所谓的"测试阶段"一般都是发生在软件开发生命周期的末期。

9.1 软件测试的主要内容

为了使软件测试能够真正发挥作用,并与整个开发过程相配合,软件测试工作必须要通过制订测试计划、设计测试、测试准备、执行测试、评估测试几个阶段来完成。

9.1.1 测试计划的制订

测试计划是对测试的对象、测试中需要的资源、测试的时间安排等进行规划的过程。通过确定任务、识别和分析风险、安排资源和确定进度,并以文档的方式记录下来。当然,测试计划也不是静态的,它可能在早期作为整个开发计划的一部分,进行较为粗略的制订,而后随着项目的进行,不断完善,并在执行过程中进行动态的调整。一般来说,测试计划应该包含以下几个方面。

(1) 测试范围,也就是测试对象的界定。

(2) 风险的确定。

(3) 资源的规划。

(4) 时间进度的制定。

9.1.2 测试用例和测试流程的设计

测试开始前需要设计测试用例,以及具体的测试流程。测试的设计需要依据测试需求进行。

1) 测试需求分析

对测试需求进行分析时,需要对需求进行分解,查看各种文档,与用户进行交流。测试需求分析中考虑的问题如下:

(1) 确定软件的主要用例。

(2) 对每一个用例,确定其输入、输出、限制以及要达到的性能指标,形成测试需求。

(3) 对每一个测试需求,判断其属于的测试类型(功能、性能、安全测试等)。可以构造测试跟踪需求矩阵,针对每一个用例,列出其多项测试需求以及相应的测试类型。

(4) 对于整个软件,考虑是否需要进行如下的测试:① 整个系统的性能测试;② 整个系统的安全性测试;③ 整个系统的兼容性测试;④ 整个系统的容量测试;⑤ 系统的界面测试;⑥ 系统的安装测试。

2) 测试用例的设计

测试用例指对一项特定的测试任务的描述,体现了测试方案、技术、策略和具体的方式。值得提出的是,测试用例都是从数量极大的可用测试方案中精心挑选出的,能够最大限度发现软件缺陷的方案。由于测试用例的执行需要耗费时间,因此,过多的测试用例可能会需要过长的时间,然而,过少的测试用例可能会带来软件中潜在的、未发现的缺陷数量过大的问题,因此,如何平衡这两方面的要求,进行合理的测试用例的选择,一直是软件测试工作的重点和难点。

评价测试用例的好坏有两个标准:① 是否可以发现尚未发现的软件缺陷?② 是否可以覆盖全部的测试需求?

9.1.3 测试的准备

测试的准备是指准备测试环境、准备测试数据、准备测试脚本和测试辅助代码等过程。

1) 准备测试环境

(1) 测试规程准备。

(2) 技术准备。

(3) 配置软件、硬件环境,包括测试工具。

(4) 人员确定。

2) 测试数据准备

测试数据中包括测试输入以及测试输出,它具有两种情形:

(1) 正常事务的测试数据。

(2) 引发异常的测试数据。

3) 测试脚本的准备和测试辅助代码的编写

在测试过程中,有些时候也需要进行代码的编写工作。

在集成测试中,需要根据测试策略编写驱动模块和桩模块。驱动模块用以模拟被测模块的上级模块,驱动模块接受测试数据,把相关的数据传送给被测模块,启动被测模块,并接收和记录相应的返回数据。而桩模块模拟被测模块工作过程中所调用的模块,一般只进行很少的数据处理。

随着自动化测试工具的流行,我们需要编写测试脚本,从而可以使测试能够自动进行。许多工具中提供了通过"录制回放"的方式生成自动化测试脚本的方法,但是它不够灵活。因此,测试人员可以利用脚本语言自行编写测试程序。

9.1.4 执行测试

执行测试是按照计划执行所有的测试用例,并观察其测试结果的过程。在执行测试过程中,应该按照模版填写相应的信息。如果采用了自动测试工具,那么需要能够熟练使用这些工具完成测试过程。

9.1.5 测试评估

当测试完成后,需要对测试工作进行一个总结。总结主要从两个方面进行,一个是覆盖性,一个是测试质量。

(1)测试的覆盖性。覆盖性回答的是"测试的完成程度如何"这一问题。覆盖性可以从两个角度来看待,一个是从需求的角度,一个是从代码的角度。从需求的角度,就是要求每个需求是否满足都被测试到;从代码角度,就是要求按照一定的标准,所有的代码都被测试到。

(2)测试的质量。测试质量评估的是测试过程发现缺陷的能力。

9.2 测 试 类 型

从不同的角度,测试可以分为不同的类型。我们将按照测试阶段和测试手段介绍不同的测试类型。

9.2.1 按照测试阶段划分

从测试发生的阶段看,可以分为:需求分析审查、设计审查、代码审查、单元测试、集成测试和系统测试等。

需求分析审查、设计审查、单元测试中的代码评审及各阶段测试用例的评审都是通过对相关文档或代码的走读活动来实现的。虽然这种方法比较简单,但是实践证明,如果安排合理,也能够以较低的成本发现大部分的缺陷。通过检查方式而非执行代码来发现缺陷的测试称为静态测试。单元测试、集成测试及系统测试等通过运行软件来检验软件的动态行为和运行结果正确性的测试方法称为动态测试。

1)需求分析审查

需求规格说明书是系统设计、系统测试等的基础,也是整个项目规划、验收的基础。因此,对其进行检查,确定其中存在的缺陷对保障软件项目的成功具有突出的意义。软件需求规格说明书的评审是由评审专家组进行的,主要看其是否尽可能完整地、无歧义地描述了功能和性能需求,以及在实现上是否具有可行性。评审时经常以会议方式进行,通过将缺陷确认、整理、修改到评审专家组认可为止。

2)设计审查

对软件设计的审查是通过评审专家对设计文档进行预审后,在评审会议上与设计人员将问题——确认来实现。

评审专家依据需求规格说明书审查设计是否覆盖到用户提出的每个用例,对子系统的划分、类的确定、类中属性和方法的确定、数据访问方式、安全性保障、性能保障等进行详细的审查。

3)代码审查

代码审查是通过代码走读的方式来实现的。代码走读是开发人员在对某个模块的代码(必须编译通过)完成编码后,进行的代码评审活动。代码走读前依据企业制订的统一标准,按照统一的流程进行。代码审查可以在不同的层面进行,单元审查是对一个方法或一个类,查找代码层面的错误;集成审查关注接口和流程,包括传入的参数检查、返回值检查及流程能否顺利地进行和正确集成等;第三个层面可称为系统审查,关注功能层面和业务逻辑。

4)单元测试

单元测试是对软件中的基本组成单位进行测试,检验其函数的正确性(包括功能正常、输出正确)。

一般来说,单元测试用例的编写最早可以在设计评审完成后就启动。单元测试用例编写的目的是覆盖性,覆盖的方法有:语句覆盖、分支覆盖、条件覆盖、条件组合覆盖和路径覆盖等。为了以最少的资源做最多的测试检查,首选路径覆盖的方法。路径覆盖是设计足够的测试用例,运行所测程序能够覆盖程序中所有可能的路径。

5)集成测试

集成测试是软件系统在集成过程中所进行的测试。其主要目的是检查软件单位之间的接口是否正确。

集成测试用例的编写要紧扣与程序相关的各个接口,使每类接口的数据流或控制流均通过接口,从而实现接口测试的完整性。注意:对同一数据流要分别进行正确数据流与错误数据流的用例设计,对边界值的输入最好有单独的用例。集成测试还应关注接口的性能问题,根据系统的性能需求还要设计相关的接口性能测试用例。集成测试的执行主要是借助测试工具——桩程序来实现。桩程序的编写最好由他人来完成,以防止一个人对接口定义理解有偏差而使意外发生。

6)系统测试

系统测试是对已经集成好的软件系统进行彻底的测试,以验证软件系统的正确性以及性能等是否满足各系统的需求。除了验证系统的功能外,还需要验证系统的容错能力、错误恢复能力、安全性、性能等。

7)验收测试

验收测试旨在向软件的购买者展示该软件系统满足其用户的需求。它的测试数据通常是系统测试的测试数据的子集。所不同的是,验收测试常常有软件系统的购买者代表在现场,甚至是在软件安装使用的现场。

除了上述按照不同阶段进行划分的测试类型外,还有几种测试也会安排,它包括:

1)回归测试

回归测试是在软件维护阶段,对软件进行修改之后进行的测试。其目的是检验对软件进行的修改是否正确,以及是否引发了其他的错误。为了保证软件修改后没有引发新的错误,原先的测试用例都需要再次执行。

2)Alpha测试

这是在系统开发接近完成时对应用系统的测试,它是由最终用户或其他人员在开发人员准备好的环境中进行的测试。

3）Beta 测试

当开发和测试完成、准备发布前，将软件部署到用户的环境时中所做的测试，这种测试一般由最终用户或其他人员完成。

9.2.2　按测试手段划分

1）白盒测试

白盒测试是指基于代码的内部结构信息，采用某种覆盖准则，即覆盖全部代码、分支、路径或者条件的测试。白盒测试可以检验程序中的每条通路是否都能按预定要求正确工作。白盒测试可用于单元测试、集成测试中。

2）黑盒测试

黑盒测试是指不基于内部设计和代码的任何知识，而基于需求和功能性进行的测试。黑盒测试在测试时，把程序看作一个不能打开的黑盒子，在完全不考虑程序内部结构和内部特性的情况下，测试者在程序接口进行测试，它检查程序功能是否按照需求规格说明书的规定正常使用，程序是否能适当地接收输入数据而产生正确的输出信息，并且保持外部信息（如数据库或文件）的完整性。黑盒测试方法主要有等价类划分、边值分析、因果图、错误推测等。黑盒测试可以用于系统测试、验收测试中。

9.3　软件测试工具

为了提高软件测试的速度和质量，目前已经开发出了不少有效的软件测试工具，为软件测试提供了帮助。这些工具包括：

1）测试管理工具

这些工具可以帮助完成测试计划、跟踪测试运行结果，还包括了有助于需求、设计、编码测试及缺陷跟踪的工具。这些工具有 Quality Center、TestManager、QACenter、TestLodge 等。

2）静态分析工具

这种工具直接分析代码来检测某些缺陷，它比用其他方法更有效，开销也更小。这类工具包括 Purify、Sprint、Checkstyle、Jtest 等。

3）覆盖率工具

这种工具评估指通过一系列测试后，软件被执行的程度，如 PureCoverage、TrueCoverage、Logiscope 等。

4）动态分析工具

这些工具评估正在运行的系统的性能，例如，检查系统运行过程中的内存使用情况，是否有内存越界、内存泄漏等，这类工具有 Purify、BoundChecker 等。

5）测试执行工具

这类工具可使测试能够自动化进行，并且支持各个层次（单元测试、集成测试、系统测试）上的自动测试。例如系统测试阶段有功能测试自动化工具，如 Robot、Winrunner、SilkTest 等；性能测试工具如 Loadrunner、SilKPerformer 等。

6) 白盒测试工具

静态分析工具、覆盖率工具和动态分析工具能够支持白盒测试。

7) 黑盒测试工具

主要有：

（1）客户端功能测试：MI 公司的 winrunner，compuware 的 qarun，Rational 的 robot。

（2）服务器端压力性能测试：MI 公司的 winload，compuware 的 qaload，Rational 的 SQAload 等。

（3）Web 测试工具：MI 公司的 Astra 系列，rsw 公司的 e-testsuite。

（4）测试管理工具：Rational 的 testmanager，compuware 的 qadirector 等。

（5）缺陷跟踪工具：如 trackrecord、Testtrack 等。

8) 单元测试框架

单元测试框架允许定义单元测试代码，控制测试的执行，还提供了应用程序来运行测试，并在成功完成测试套件中的每个测试后给出报告。

针对不同的编程语言，目前出现了不同的单元测试工具，例如 JUnit 是 Java 语言的单元测试框架，NUnit 是.net 单元测试框架，cppunit 是 C++的单元测试框架。

9.4　测试阶段交付物

9.4.1　软件测试计划

软件测试计划是描述测试目的、范围、方法和软件测试的重点等的文档。软件测试计划作为软件项目计划的子计划，在项目启动初期就必须规划。

软件测试计划是指导测试过程的纲领性文件，包含了产品概述、测试策略、测试方法、测试区域、测试配置、测试周期、测试资源、测试交流、风险分析等内容。借助软件测试计划，参与测试的项目成员，尤其是测试管理人员，可以明确测试任务和测试方法，保持测试实施过程的顺畅沟通，跟踪和控制测试进度，应对测试过程中的各种变更。

9.4.1.1　测试策略

1) 整体测试策略

对整个测试的流程安排、参加的人员、预期达到的结果进行总体概要说明。

2) 进入准则

说明测试活动启动需要满足的进入准则，即开始执行本测试计划之前必须完成的各项工作，包括集成/系统测试开始前需要进行的产品构建等。

3) 暂停/退出准则

暂停准则说明测试异常中止的触发条件，一般为发现严重的妨碍测试继续进行的错误。

退出准则作为测试活动完成与否的判据，应当明确地予以说明。

9.4.1.2　测试范围和测试方法

本节中将围绕软件的功能需求、性能需求、接口需求等各种需求确定测试需求。

1）测试的子系统对象

列出需要测试的子系统，以及不需要测试的子系统。

2）测试需求

（1）功能需求。参考软件需求规格说明，针对每一个用例确定测试需求。

a. 用例1。

● 列出对应的测试需求，每一条测试需求需要采用一定的格式进行编号，例如，采用"TR-对应的需求编号-序号"进行编号。一般一个用例对应多条测试需求；

● 针对该用例的测试需求，使用的测试方法（黑盒、白盒、自动化、手工），如果采用了自动化测试，说明采用的工具。

b. 用例2。

……

（2）其他需求。针对软件需求规格说明中提出的需求，逐条确定是否需要进行测试：① 对每一条需要测试的需求，简要列出需求项，并针对性地列出测试需求；② 针对测试需求，列出使用的测试方法（黑盒、白盒、自动化、手工），如果是自动化测试，说明采用的工具。

9.4.1.3 测试用例

本节针对测试需求设计测试用例。每一个测试需求，可能对应一个或者多个测试用例（见表9-1）。

表9-1 测试用例设计表

需求项	测试需求编号	测试用例编号	测试用例	
RQ-01〈需求项名称〉	TR-01-01	TU-01-01-01	名 称	
			测试对象	
			优先级	
			输 入	
			输 出	
			步 骤	
			说 明	
		TU-01-01-02	名 称	
			测试对象	
			优先级	
			输 入	
			输 出	
			步 骤	
			说 明	
	TR-01-02			
RQ-02〈需求项名称〉				

其中：

（1）需求项：需求项可以是一个用例，也可以是其他需求。需求项的编号为"RQ-序号〈需求项名称〉"，如果这一需求是用例，那么需求项名称为用例名，其编号直接使用用例编号，如果是其他需求，简要概括该需求作为需求项名称。

（2）测试用例编号：可以采用"TU-需求编号-测试需求编号-用例编号"的方式。

（3）测试对象：说明测试作用的是整个软件系统、某一软件模块、某个组件还是某个类。

（4）优先级：分为高、较高、中、较低、低各个等级。

（5）输入：明确表示输入数据，或者输入文件。

（6）输出：定义期望获得的正确的输出。

（7）步骤：分步骤描述测试是如何进行的。

（8）说明：对使用的工具，或者需要注意的地方加以说明。

9.4.1.4 测试环境

1）硬件环境

描述测试所需求的硬件环境。

2）软件环境

描述测试所需求的软件环境。

3）通信环境要求

描述网络通信等方面的要求。

4）安全性环境要求

描述系统安全方面的要求。

5）特定测试环境要求

如对测试资源有特殊要求，请在此处说明。

9.4.1.5 测试计划安排

1）工作量估计

根据工作内容和项目任务对包括测试设计的工作量、测试执行和测试总结的工作量，以人月或人日计，并确定测试计划、测试设计、测试准备、测试执行和测试评估工作所占的比重。软件测试工作量应为开发工作量的 30%～40% 为宜。表9-2为测试工作量估计表。

表9-2　测试工作量估计表

工 作 阶 段	所需工作日	占项目的比例
测试计划阶段		
测试设计阶段		
测试准备阶段		
测试执行阶段		
测试评估阶段		

2）人员需求及安排

表9-3列出了在此测试活动的人员安排。

表 9-3　测试人员安排表

角　　色	人　　员	具体职责/备注
测试经理		
测试设计		
测试人员		

3）进度安排

表 9-4 列出了测试的时间安排。

表 9-4　测 试 进 度 表

项目里程碑	开始时间	结束时间	输出要求/备注
测试计划阶段			
测试设计阶段			
测试准备阶段			
测试执行阶段			
测试评估阶段			

注：所有结束时间为输出要求通过评审的结束时间。

4）其他资源需求及安排

描述所需的其他资源的安排。

9.4.1.6　可交付工件

本节列出了将要创建的各种文档、工具和报告，及其创建人员、交付对象和交付时间。

9.4.1.7　风险管理

本节详细描述本次测试所面临的风险（如人力资源风险、测试技术风险、测试资源风险、质量保证风险等）及相应的建议解决办法。

表 9-5 列出了一些风险的分析。分析表必须按影响的程度来排序。实践中，随着时间的推移和环境的变化，必须随时更新风险的分析。

表 9-5　测 试 风 险 表

风　　险	发生的可能性	负　面　影　响

9.4.2　软件测试总结报告

测试总结报告是对测试情况的汇报，在总结报告中，将概要描述测试方法，详细描述测试过程和测试结果,并对系统给出评价和建议。

9.4.2.1 测试概要

在本节中对测试需求和测试方法进行描述。

1) 测试需求与测试用例

可以将测试计划(见9.4.1节)中第2、3节的内容复制过来。

2) 测试环境与配置

描述具体的测试环境及其配置情况。

3) 测试工具

描述实际采用的测试工具。

9.4.2.2 测试执行情况

1) 测试进度情况

测试进度如表9-6所示。

表9-6 测 试 进 度 表

测试活动	计划起止日期	实际起止日期	进度偏差	备　注
测试计划				
测试设计				
测试准备				
测试执行				
测试评估				

2) 测试人员

表9-7列出了在此测试活动的实际的人员安排。

表9-7 测试人员安排表

角　色	人　员	具体职责/备注
测试经理		
测试设计		
测试人员		

9.4.2.3 测试总结

1) 测试用例执行结果

测试用例执行结果如表9-8所示。

2) 测试问题解决

表9-9中描述测试中发现的、没有满足需求或其他方面要求的部分。

表 9－8　测试用例执行结果表

测试需求标识号	测试用例标识号	用例状态	测试结果	备　注
测试需求编号	测试用例的编号	已执行还是未执行	测试通过还是未通过	

表 9－9　测 试 问 题 表

测试需求标识号	测试用例标识号	错误或问题描述	错误或问题状态
			已解决

3）测试结果分析

（1）覆盖分析。

a. 测试覆盖分析（见表 9－10）。

$$测试覆盖率＝41/46×100\%＝89.13\%$$

表 9－10　测试覆盖分析表

需求编号	用例个数	执行总数	未执行	未/漏测分析和原因
需求编号	32	32	0	产生失败数为5,最后均以合理的处理方式解决
…	1	1	0	
…	4	4	0	
…	6	6	0	
…	1	1	0	

b. 需求覆盖分析（见表 9－11）。对应约定的测试文档,本次测试对系统需求的覆盖情况为

$$需求覆盖率＝Y(P)项/需求项总数×100\%＝83.33\%$$

表 9－11　测试需求覆盖分析表

需 求 项	是否通过[Y][P][N][N/A]	备　　注
需求项编号	[N]	缺少完整的系统安装部署、使用、系统卸载的说明

P 表示部分通过,N/A 表示不可测试或者测试用例不适用。

（2）缺陷分析。统计发现的 BUG 总个数,并按照严重程度列出各项 BUG 数：① 严重影响系统运行的错误；② 功能方面一般缺陷,影响系统运行；③ 不影响运行但必须修改；④ 合理化建议（不是 BUG,但是可以改进）。

按缺陷在各需求项中的分布情况分析(见表9-12)。

表 9-12 缺陷分析表

严重级别 / 需求	A-严重影响系统运行的错误	B-功能方面一般缺陷,影响系统运行	C-不影响运行但必须修改	D-合理化建议	总 计
需求项	1	3	4	2	10
......					......
总计	15	48	36	14	113

9.4.2.4 综合评价

1) 软件能力

对软件是否满足交付进行确认,并简要描述系统功能。

2) 缺陷和限制

指出还存在的不足。

3) 建议

指出系统未来版本可以进行的修改。

第 10 章　交付阶段

经过努力开发完成软件后,整个项目并非结束了。开发出来的软件必须使得用户满意才意味着项目的成功。因此,交付阶段就是要使用户能够满意地应用上软件的过程。首先,软件需要满足一定准则后才可以交付给用户,因此,需要针对交付准则进行检查,交付准则一般会写在合同中,即使没有写在合同中,也应该自己制订一个准则。交付准则的检查经常与用户协同进行。交付软件不意味着仅仅把软件代码移交给客户,还需要把相关的文档按照约定进行移交。因此,我们经常会制定一个交付清单,以确定交付阶段需要交给用户的各个材料。对于简单的软件,不需要帮助用户安装。对于复杂的软件,需要将软件安装部署到用户的环境中,并协助用户准备数据、启动运行系统。同时,对用户进行培训,使用户能够自行正常使用系统,并在后续阶段按照约定提供维护服务。

10.1　交付阶段的主要内容

交付阶段主要包括以下内容:

(1) 交付条件的确认:对照交付准则,确定是否满足交付条件。

(2) 确定用户的平台环境是否满足系统上线要求:协助用户准备运行系统的环境,包括数据的准备。

(3) 安装与激活系统:对于简单的系统,激活系统只需要执行一些命令,而对复杂的系统需要使得支持系统都能够工作。对于大型软件系统而言,工作版本安装在生产环境的机器上,而其他版本安装在测试环境、开发环境上。

(4) 维护过程:按照约定,提供维护服务,主要包括改正性维护、适应性维护、完善性维护。

交付阶段除了需要提交按照合同中约定的各种文档和软件外,还需要提供以下文档:

(1) 交付清单。

(2) 用户手册。

(3) 软件验收报告。

根据约定,软件开发团队可能还需要提供培训、维护服务,这时,还需要提供软件维护需求说明、软件产品维护计划和软件培训计划文档。

10.2 交付确认

计算机软件的交付阶段是继计算机软件的需求、设计、编码、测试等阶段之后的一个核对用户需求、检验软件产品、面向客户实施应用的阶段。

对计算机软件项目进行交付前的最终评审的主要工作如下。

1) 核对软件项目开发周期各阶段形成文档的完整性

评审阶段性文档的真实性、有效性。各阶段文档应当反映出所处阶段的工作特点、待完成的工作指标和工作任务、符合软件生命周期各阶段的具体工作要求。

2) 对软件进行交付阶段的最终评审

这部分工作主要包括：

(1) 评审最终产品从形式上是否符合用户需求。检查软件在完成功能的形式上是否符合需求规格说明中对计算机软件功能内容的阐述；对于需求变更的部分，是否形成了变更部分的说明书；对用户界面进行标准化评审，从设计标准、设计风格、操作风格等方面重点进行考核。

(2) 评审最终产品在设计上是否完全覆盖了用户的需求。检查各个文档中对各个功能的定义是否符合用户需求，系统设计是如何实现用户需求的；系统包括哪些子系统，子系统的关系；数据库结构的定义；以及与其他系统的关系。

(3) 评审最终产品在软件的测试上是否完全覆盖了用户的操作需求。核对单元测试记录报告，检查模块测试接口覆盖率、错误测试覆盖率、代码覆盖率。核对集成测试记录报告，验收测试记录报告，并检查测试范围是否覆盖了用户的全部需求。

(4) 安排、评审最终产品后期维护的准备工作：① 同需求方形成并评审软件维护需求说明的可行性；② 同需求方评审软件产品维护计划的可行性。重点确定软件产品的维护范围，指定产品维护负责人；同需求方达成对软件产品安装、使用、维护等阶段具体的时间和人员安排；及对软件产品维护过程中的风险预测与分析等事项的合同；③ 形成软件培训计划，确定对需求方进行培训的具体过程和内容；④ 同需求方确定并形成软件验收报告。

10.3 系统上线

系统上线运行阶段是软件的正式应用阶段。对于复杂的系统，需要制订上线计划，并报请批准后实施。

对于风险比较高的可能影响企业业务运行的系统，可能会先试运行，然后再真正上线。与业务密切相关的系统，需要在业务流程重组成功的基础上进行。具体上线流程可以分为以下步骤：

1) 数据准备

数据准备是使系统运行所需要的数据能够输入到软件中。有些数据需要从老的系统中获取，有些则需要重新输入。为了保证系统能够正常运行，数据内容需要完整、一致和准确。

2) 硬件、网络及其他软件环境准备

硬件、网络和软件环境的检查是上线准备阶段非常重要的一项任务，主要是对客户方网络环境、服务器、交换机及操作终端机器的配置状况、运行情况做全面的检查记录，工作的重点是硬件及网络条件是否合适，安装调试好培训用的网络与系统环境，以保证硬件网络及软件所依赖的操作系统和其他软件能够正常使用、保证系统上线阶段的顺利开展。

3）试运行和正式上线运行

如果软件系统需要试运行，在试运行前，所有操作人员都应经过培训；客户软硬件环境能够正常使用；系统基础数据录入完毕；各部门人员做好充分的准备。执行试运行阶段时，可以开通新旧两套版本同时运行，让员工熟悉使用新系统，以辅助其短时间内掌握新系统各个功能模块和流程。

在准备正式上线时，试运行期间暴露的各种细节问题应该得到妥善解决。同时，企业员工岗位责任明确；有关文档都齐备；客户做好正式上线的心理准备，预期执行没有问题。此时，实施人员与客户确认全面上线时间，再进行一次数据处理，把原来系统中的信息全部转移到新系统中来，使所有业务集中到新系统中。

10.4 交付阶段文档编写

10.4.1 交付清单的编写

在该文档中，我们将列出按照合同需要提交的各种交付物及其具体形态。其内容包括：

（1）文档清单：列出所交付的各种文档。

（2）软件清单：列出各个软件模块及其大小。

10.4.2 用户手册的编写

用户手册给出了软件系统安装、使用的具体环境和方法。它主要包含以下内容。

10.4.2.1 软件概述

对整个软件进行概要描述，可从可行性研究报告、软件需求规约中提取相关信息。

1）软件构成

说明最终制成的产品，包括：程序系统中各个程序的名字，它们之间的层次关系；所建立的每个数据库。

2）主要功能和性能

列出本软件产品实际所具有的主要功能和性能。

10.4.2.2 运行环境

对软件系统运行所依赖的软件和硬件资源进行描述。

1）硬件环境

列出为运行本软件所要求的硬件设备的最小配置，如：处理机的型号、内存容量；所要求的外存储器、媒体、记录格式、设备的型号和台数、联机/脱机；网络环境。

2）支持软件

说明运行本软件所需要的支持软件，如：操作系统的名称、版本号；程序语言的编译/汇编系统的名称和版本号；数据库管理系统的名称和版本号；其他支持软件。

3）数据结构

列出为支持本软件的运行所需要的数据库或文件。

10.4.2.3　使用过程

1）安装与初始化

一步一步地说明为使用本软件而需进行的安装与初始化过程,包括程序的存储形式、安装与初始化过程中的全部操作命令、系统对这些命令的反应与答复。描述安装工作完成的测试用例等。如果需要的话,还应说明安装过程中所需用到的专用软件。

2）输入

如果系统工作必须依赖指定的输入,则在此处描述规定输入数据的准备要求:输入数据的特点;输入格式:说明对初始输入数据和参量的格式要求,包括语法规则和有关约定;输入举例:为每个完整的输入形式提供样本。

3）输出

如果系统的功能中包含了成批的结果输出,则通过此处进行说明:输出数据的特点;输出格式;输出举例。

4）帮助信息获取

说明如何获取帮助信息。

10.4.2.4　运行说明

1）运行步骤

针对每一个功能,提供详细的描述,一般采用图文并茂的方式。

2）非常规过程

提供应急或非常规操作的必要信息及操作步骤,如出错处理操作、向后备系统切换操作以及维护人员须知的操作和注意事项。

10.4.3　软件验收报告的编写

软件验收报告是客户针对合同中的约定,对交付的材料和软件系统进行验收后形成的结论性意见。文档中应包含以下内容。

1）项目信息

列出以下项目相关的信息:项目名称;项目开发单位;项目开发时间;项目验收时间。

2）软件概述

此节与用户手册中的部分相同。

3）验收测试环境

提供对验收测试环境的描述。

（1）硬件,例如计算机、服务器、网络、交换机等。

（2）软件,例如操作系统、应用软件、系统软件、开发软件、测试程序等。

（3）文档,例如测试文档、技术文档、操作手册、用户手册等。

（4）人员,如客户代表、客户经理、项目经理、技术经理、开发人员、测试人员、技术支持人员以及第三方代表等。

4）验收及测试结果

（1）功能验收如表10-1所示。

表 10 - 1 功 能 验 收 表

功能需求	测试结果	备　注
功能描述(用例)	测试通过还是未通过	

（2）性能验收如表 10 - 2 所示。

表 10 - 2 性 能 验 收 表

性能需求	测试结果	备　注
性能描述	测试通过还是未通过	

（3）文档验收如表 10 - 3 所示。

表 10 - 3 文 档 验 收 表

文档需求	测试结果	备　注
文档名	文档是否合乎要求	

5）验收总结

对验收结果进行总体描述。确定是否"通过"、"不通过"还是"有条件通过"。

第 11 章　总结阶段

在一个软件成功交付后,除了按照约定提供维护服务外,还需要对这个软件项目进行总结,以分析此软件项目过程中成功的经验、失败的教训,这样才可以不断提高软件开发项目的实施水平。

11.1　总结的主要内容

总结阶段主要包括以下内容:

(1) 对产品本身的回顾:在总结中需要对产品的需求进行描述,并描述最终实现的功能和达到的指标。两方面进行对比,并指出其区别。

(2) 对开发过程的回顾:回顾原来制定的计划以及实际的执行过程,列出计划的开始时间、计划结束时间、计划的关键里程碑时间,对比实际的开始时间、结束时间、实际的里程碑时间。

(3) 对技术方法的评价:对采用的技术方法进行描述,并从适用性、合理性、先进性等角度进行评价。

(4) 对错误的分析:对整个开发过程中产生的错误进行重点分析。

(5) 经验与教训:总结整个项目中的成功经验以及取得的教训。

总结阶段将提交《项目总结报告》。

11.2　项目总结报告的编写

项目总结报告中包含各章节的内容如下。

1) 实际开发结果

(1) 产品。说明最终形成的产品,包括:程序系统中各个程序的名字,它们之间的层次关系,以千字节为单位的各个程序的程序量、存储媒体的形式和数量;程序系统共有哪几个版本,各自的版本号及它们之间的区别;每个文件的名称;所建立的每个数据库。

(2) 主要功能和性能。逐项列出本软件产品所实际具有的主要功能和性能,对照可行性研究报告、项目开发计划、软件需求规约的有关内容,说明原定的开发目标是达到、未完全达到或超过。

（3）基本流程。用顺序图给出本软件系统的核心用例的处理流程。

（4）进度。列出原定计划进度与实际进度的对比，明确说明实际进度是提前还是延迟，并分析主要原因。

（5）费用。列出原定计划费用与实际支出费用的对比，包括：工时，以人月为单位，并按不同级别统计；计算机的使用时间，区别 CPU 时间及其他设备时间；物料消耗、出差费等其他支出。明确说明经费是超出还是节余，并分析其主要原因。

2）开发工作评价

（1）对生产效率的评价。给出实际生产效率，包括：程序的平均生产效率，即每人月生产的行数；文件的平均生产效率，即每人月生产的千字数；并列出原订计划数作为对比。

（2）对产品质量的评价。说明在测试中检查出来的程序编制中的错误发生率，即每千条指令（或语句）中的错误指令数（或语句数）。如果开发中制订过质量保证计划或配置管理计划，要同这些计划相比较。

（3）对技术方法的评价。给出对在开发中所使用的技术、方法、工具、手段的评价。

（4）出错原因的分析。给出对于开发中出现的错误的原因分析。

3）经验与教训

列出从这项开发工作中所得到的最主要的经验与教训及对今后的项目开发工作的建议。

第二篇
案例篇

第12章　校园二手商品交易市场项目

本章将围绕一个完整的案例,按照软件工程生命周期的划分,完成各个阶段的文档和模型的开发,旨在使读者能够进一步理解前面的指南,并对相关知识有一个更为直观的学习。

12.1　计划阶段

该阶段的主要内容为可行性分析报告、项目开发计划和风险列表。

12.1.1　可行性分析报告

12.1.1.1　引言

1) 编写目的

(1) 通过对校园二手货品交易市场项目进行调研,初步拟定系统的可行性报告,对软件开发过程中面临的问题以及相对应的解决方法进行审核和合理的安排。通过对软件开发可能会带来的经济效益及风险的了解,明确本次系统的目标。

(2) 将项目开发过程中涉及的人员、经费、系统资源等问题的安排用文档形式记录,从而方便软件开发人员和相关人员对本项目展开相应的检查工作。

(3) 本报告经检审之后,将交由负责人审查。

2) 背景

软件系统的名称:学校二手货交易市场。

项目任务提出者:曹健。

项目开发者:雷同学、徐同学、田同学、姚同学、苏同学。

项目面向用户:在校学生、老师等相关人员。

该软件系统同其他系统或其他机构的基本相互关系:系统相对独立,开发中可能会使用第三方软件服务或者其他框架。

3) 定义

详见项目词汇表。

4) 参考资料

(1)《可行性分析报告》(GB8567—88)。

(2)《面向对象软件工程——使用 UML、模式与 Java》(第 3 版),清华大学出版社,2011。

12.1.1.2　可行性研究的前提

12.1.1.2.1　要求

1) 功能

本系统提供的功能包括：用户注册登录、商品信息检索、商品信息分类、商品信息发布、用户通信、系统管理等。用户登录后可以管理个人信息，查看自己已收藏或已发布的商品和订单；当用户要卖掉自己的二手商品时，可以发布商品和修改自己发布的商品的相关信息；当用户对某件商品感兴趣时，在进入该件商品的详情页后，用户可以收藏商品、联系卖家、购买商品、确认交易或取消交易，用户填写订单时需要提供姓名、联系方式、交易时间、交易地点，确认商品数量和价格等信息，该系统暂时不支持网上支付，只能通过卖家和买家确认交易时间和交易地点后线下交易，交易完成后由买家确认交易；用户可以浏览商品（全部浏览或分类浏览）、查看商品详情和搜索商品；当买方用户在交易结束后未确认交易，卖方用户可以联系管理员寻求帮助。

2) 性能

(1) 系统处理能力。本系统应支持最大并发用户 500 个，每秒事务处理数应大于 1 000 笔。

(2) 时间要求。在硬件和网络条件满足的前提下，所有日常性操作事务的平均响应时间应小于 0.5 s，最长响应时间应小于 2 s；对于查询性事务的平均响应时间应小于 0.5 s，最长响应时间应小于 2 s。

3) 输入数据

(1) 用户信息。

来源：用户注册；

类型：复杂数据类型；

数量：$<10\ 000, >5\ 000$；

组成：用户编号(integer)，用户姓名(string)，联系方式(string)，邮箱(string)。

(2) 商品信息。

来源：卖家用户发布；

类型、数量：同上；

组成：商品编号(integer)，商品名称(string)，商品类别(integer)，商品描述(string)，商品图片地址(string)。

(3) 订单。

来源：卖家用户发布；

类型、数量：同上；

组成：订单编号(integer)，价格(float)，交易地点(string)，交易时间(time)；

提供频度：视情况而定，波动较大。

(4) 消息记录。

来源：卖家和买家用户；

类型、数量：同上；

组成：消息编号(integer)，消息内容(string)，时间(time)，作者(用户编号)；

提供频度：高。

4）输出数据

（1）商品。

含义：二手商品交易的主要对象；

产生频度：较高；

接口：暂无。

（2）订单。

含义：二手交易系统买家用户的购物清单；

产生频度：视使用程度和使用时间而定，如毕业生毕业或开学期间订单数增多；

接口：暂无。

（3）消息。

含义：二手商品交易系统的交流媒介；

产生频度：视使用程度和使用时间而定，如毕业生毕业或开学期间订单数增多；

接口：暂无；

分发对象：尚未确定。

5）在安全与保密方面的要求

（1）用户只能访问用户表中属于自己的用户信息。

（2）用户密码加密方式待进一步讨论。

（3）付款方式的安全性需进一步讨论。

（4）同本系统相连接的其他系统（暂无）。

6）完成期限

截止时间：2016.5.28。

12.1.1.2.2　目标

目前，二手商品交易已经成为大学生生活中必不可少的一部分，虽然校内也有短暂举行的跳蚤市场，但是这种自发组织的二手交易往往面临着时间短、规模小的问题。因此，一个二手交易系统的出现非常必要。随着在校学生数量增多，大学生交易需求日益旺盛。一个专业并且标准的二手交易平台能够解决校园二手信息发布交流方式的弊端，让校园内二手商品信息得到有效整合，也有利于信息服务的改进。

12.1.1.2.3　条件、假定和限制

所建议系统的运行寿命的最小值：2 年左右。

进行系统方案选择比较的时间：试用期一个月左右。

经费、投资方面的来源和限制：组内成员。

硬件环境：服务器，浏览器。

可利用的信息和资源：网络资源、图书资料。

系统投入使用的最晚时间：2016 年 6 月。

12.1.1.2.4　进行可行性研究的方法

通过对本校的学生进行询问及问卷形式得到用户对修改系统的想法和建议。通过建模分析，确定本系统的功能需求、效用成本等可行性研究分析。

12.1.1.2.5　评价尺度

主要从以下方面对系统进行评价：

（1）评价本系统的总成本。

（2）开发时间。

（3）使用的方便性。

12.1.1.3　对现有系统的分析

当前的二手商品交易系统是人工组织的，即由商贩或者店家通过较低的价格收购旧书或者生活用品，自行整理分类后运至学校门口进行小范围短时间的销售，价格并不统一，时间也不固定，规模小，效率低。

1）处理流程和数据流程

商家每年通过从毕业生或者高年级生那收购二手货物后，进行分类处理，再运至地摊进行摆售，学生在空闲时间去进行货物挑选。

2）工作负荷

（1）货物收购：商贩通过各种手段收购二手商品，时间与地点都不固定。

（2）容易受到天气的干扰。

（3）分类处理过程麻烦。

3）费用开支

收购费用、存储费用、交通费用、人力开销。

4）人员

二手商品商贩。

5）设备

计算器、三轮车、电子秤等。

6）局限性

（1）时间不固定、容易受到天气的干扰。

（2）价格需要现场协商，商品信息需要顾客自己判断，交易地点不固定，顾客难以知晓。

（3）效率过低。

12.1.1.4　所建议的系统

12.1.1.4.1　对所建议系统的说明

在校园二手交易系统上，用户既可当买家，通过浏览或搜索相关商品购买自己喜欢的商品；又可当卖家，发布二手商品信息，处理掉自己已经不需要的二手物品。

12.1.1.4.2　处理流程和数据流程

买方和卖方的处理流程如图 12-1 所示。

（1）注册登录：买家和卖家需要先注册登录才能使用平台上的交易功能。

（2）填写商品发布信息：卖家选择发布信息，依次填写商品类别、商品名称、商品描述、商品数量、新旧程度描述、原价、现价、卖家联系方式等上货信息。

（3）查询商品信息：在 App 首页，买家可以选择商品类别，输入商品名称进行检索。

（4）获得卖家联系方式：有意向的买家通过商品信息获得卖家联系方式。

（5）联系卖家：根据商品信息留下的联系方式联系卖家。

（6）协商：卖家和买家协商商品价格，确定交易时间和交易地点后当面交易。

（7）拍下商品：买家拍下商品，商品相应信息显示已有一人拍下此商品。

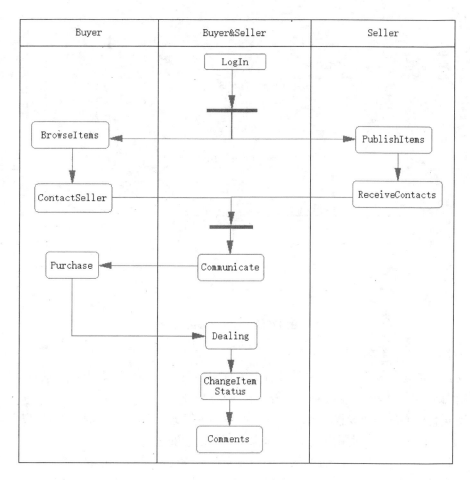

图 12 - 1　商品处理流程

（8）交易：买家和卖家在指定交易时间到达指定交易地点当面交易。

（9）修改商品信息：交易后，卖家修改商品数量，或者直接将商品下架。

（10）相互评论：买家对卖家进行评价和信用度评定。

系统处理流程如图 12 - 2 所示。

12.1.1.4.3　改进之处

将校园二手交易平台从线下转自线上，更加方便商品的查找和交易。

12.1.1.4.4　影响

1）对设备的影响

系统将安装在学校网络信息中心的服务器上。网络信息中心需要提供相应的系统安装和运行空间。

2）对软件的影响

暂无。

3）对用户单位机构的影响

用户群体为在校师生，一般情况下均能够正常使用该二手交易平台，不需要额外培训说明。

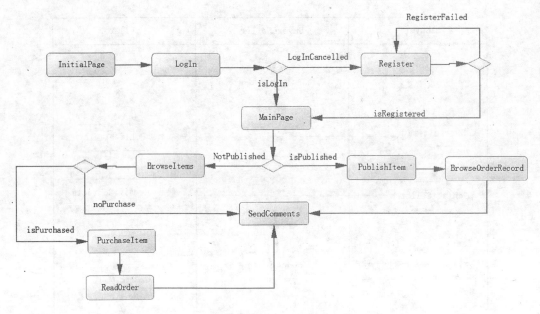

图 12 – 2　系统处理流程

4）对系统运行过程的影响

（1）用户的操作规程。用户注册时需提供真实姓名和班级学号等个人信息,且不能恶意注册多个账户刷信誉,用户发布商品需符合相关法律法规。

（2）运行中心的操作规程。管理员需及时审核并处理申请发布的商品信息,以免降低用户参与度;中心数据库需对用户数据加密,保障用户信息安全。

（3）运行中心与用户之间的关系。用户发布商品需经过管理员审核,交易中出现问题可由中心工作人员协调。

（4）源数据的处理。用户端软件发出的请求,经过加密后传到后台服务器,运行中心解析请求,根据内容对后台数据库进行操作,对请求做出适当的回应。

（5）数据进入系统的过程。用户首先在软件界面进行操作,由客户端软件将用户的操作转为消息,加密后经由网络发给服务器,服务器端进行解密并对消息进行解析。

（6）对数据保存的要求,对数据存储、恢复的处理。数据应当安全、妥善地保存。安全即意味着需要适当的权限才能读写,建议在存储时硬件采用 raid 冗余的方法存储,便于恢复,同时数据至少应当有一个部分镜像备份,备份间隔建议不超过 1 天。

（7）输出报告的处理过程、存储媒体和调度方法。在运行过程中定期打印 log,向维护人员报告系统运行状态。维护人员应当定期查看输出报告,及时发现问题。报告应当存储在数据保存硬件以外的硬件上,对所有维护人员开放权限。

（8）系统失效后的后果及恢复的处理方法。明显的后果是系统停止服务,用户暂时不能使用该系统;新的数据可能无法接收。系统失效后应当及时关闭服务器从客户端接收数据的接口,在设计软件时应当考虑到服务器失效后暂停工作。同时维护人员迅速排查问题,保存现场及各种数据。排除问题后根据备份数据进行恢复,保证数据至少为一天以内的状态。同时向用户说明错误发生的时间及后果,与之一同将系统失效的影响减到最小。

5）对开发的影响

用户需要进行意见反馈，提出改进意见或使用过程中产生的问题。

6）对经费开支的影响

系统依托学生团队进行开发，因此所需开发经费较少。系统开发费用：25 000 元。

对于维护费用，系统是要移交给网络信息中心，网络信息中心的工作人员在本职工作范围内进行系统维护，并不带来额外费用。而系统管理人员需要负责审核商品信息等工作，需要招聘学生参与此项工作，预计 5 000 元/年。

按照两年时间计算：总费用：35 000 元。

12.1.1.4.5　局限性

（1）只能通过本地校园见面交易，不能通过在线支付和快递形式进行交易，限制了交易范围。

（2）参加人员较少，需一人承担数职，管理方面和任务安排方面可能存在不足。

12.1.1.4.6　技术条件方面的可行性

（1）在当前条件下，该系统的功能相互关联，除了留言功能外，其中一环无法实现都会导致交易无法进行，所以功能需要全部实现。

（2）利用现有的技术，开发人员需要着重掌握数据库原理和网络原理以做好服务器端和客户端的交互功能，这是整个系统的基础。

（3）开发人员应该在 5 人及以上，具有软件开发的基础知识和经验，掌握编程能力及该项目相关的技术。团队要分工明确，团结协作。

（4）经过初步估计，在规定的期限内，本系统的开发能完成。

12.1.1.5　可选择的其他系统方案

暂无。

12.1.1.6　投资及效益分析

1）支出

（1）基本建设投资。由于系统运行在学校网络信息中心的服务器上，因此并不需要另行投资。

（2）其他一次性支出。

系统开发费用：25 000 元；

共计：25 000 元。

（3）非一次性支出。由于系统运行在学校网络信息中心的服务器上，其他支出不再单独核算。但是需要招聘学生作为管理员，5 000 元/（人·年），按照两年计算，合计 10 000 元。

2）收益

（1）一次性收益。本项目为公益性项目，暂无一次性收益。

（2）非一次性收益。此项目为学校公益类项目，因此可以作为学校的一项服务，采取免费方式。

如果不作为基本服务，由学生运营，可以考虑未来通过收取每笔交易 5％的手续费及转卖二手物品所得。

假设一年的收益有：10 万元，假设银行年利率 5％，预计 2 年内逐年转卖物品经济收益与折现计算，共计：18.6 万元（见表 12-1）。

表 12－1 非一次性收益表

年　　份	逐年收益/元	$1/(1+0.05)^n$	折现值/元
1	100 000	0.95	95 000
2	100 000	0.91	91 000

(3) 不可定量的收益。该公益性项目能够增加学生对校园生活的满意度。

3) 收益/投资比

收益共计：18.6 万元；

投资总计：3.5 万元；

整个系统生命期的收益/投资比值 18.6/3.5＝5.31。

4) 投资回收周期

如果收取交易费，投资回收周期为一个季度。该项目主要是公益类，初始投资不大，后续也可不收费，作为学校的基本服务。

5) 敏感性分析

系统生命期长度：2 年；

系统的工作负荷量：适中；

系统工作符合类型：数据处理。

12.1.1.7　社会因素方面的可行性

1) 法律方面的可行性

由于本系统全权由本小组共同合作独立开发，因此并不存在合同责任方面的问题。

此次系统开发的技术来自开源社区或本团队开发成员，不存在侵犯版权、专利等问题。

通过本系统进行买卖的货品都经过当事人的确认和允许，并不存在债务和所有权问题。

2) 使用方面的可行性

本系统的用户主要针对的是大学的师生及工作人员等，素质较高，大都熟悉移动 App 的操作和应用，能够使用该软件系统。

本系统交互友好，操作简单，附有使用说明，以 App 作为客户端，能够吸引用户。

12.1.1.8　结论

经过可行性分析，对需要解决的问题取得基本一致的看法，开发小组的方案能够立即执行。

12.1.2　项目开发计划

12.1.2.1　引言

1) 编写目的

编写此项目开发计划的主要目的是以文件的形式对学校二手货交易市场系统的开发做规划和安排。文档中对整个项目开发过程中的工作内容流程、团队组织结构、开发进度、经费预算、内外条件需求、技术方法等做规划和说明，便于团队成员更好地了解项目情况、明确职责、合理开展各阶段各项任务、按时保质完成开发。项目开发计划是团队成员之间的共识与约定,也是项目生命周期内的所有项目活动的行动基础、项目团队开展和检查项目工作的依据。

2) 背景

(1) 待开发的软件系统的名称:学校二手货交易市场。

(2) 本项目的任务提出者、开发者及用户。

任务提出者:曹健;

开发者:雷同学,徐同学,田同学,姚同学,苏同学;

用户:在校师生。

(3) 同其他系统或其他机构的基本相互关系:系统相对独立,开发中可能会使用第三方服务或框架。

3) 定义

无。

4) 参考资料

《面向对象软件工程》(第3版),清华大学出版社,2011。

12.1.2.2　项目概述

12.1.2.2.1　项目目标与工作内容

本项目的目标是开发一个在线的学校二手货交易市场,给校园内的师生创造一个自由发布、浏览、查找、购买二手商品的平台。该系统分为前台和后台两个部分。前台向用户提供与二手商品交易相关的各种服务,后台面向管理员进行各项信息的管理。

工作内容包括以下几个部分:

(1) 项目可行性分析。

(2) 项目需求分析。

(3) 项目体系结构设计。

(4) 项目编程实现。

(5) 项目测试与发布。

(6) 项目后期管理与维护。

12.1.2.2.2　团队组织结构

团队组织结构如图12-3所示,团队成员情况如表12-2所示。

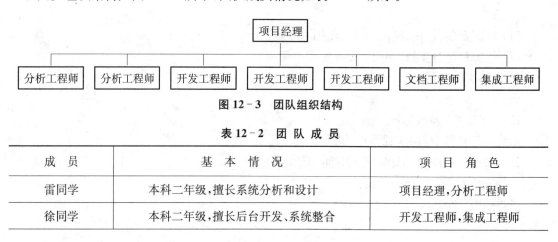

图 12-3　团队组织结构

表 12-2　团 队 成 员

成　员	基 本 情 况	项 目 角 色
雷同学	本科二年级,擅长系统分析和设计	项目经理,分析工程师
徐同学	本科二年级,擅长后台开发、系统整合	开发工程师,集成工程师

成　员	基　本　情　况	项　目　角　色
姚同学	本科二年级,擅长系统设计、文档管理	分析工程师,文档工程师
田同学	本科二年级,有软件开发相关经验	开发工程师
苏同学	本科二年级,编程能力较强	开发工程师

12.1.2.2.3　产品

1) 程序

程序名称：校园二手商品交易平台；

编程语言：Java；

存储程序的媒体形式：Android App。

2) 文件

(1) 可行性研究报告。

(2) 项目开发计划。

(3) 风险列表。

(4) 软件需求规约。

(5) 词汇表。

(6) 软件架构文档。

(7) 软件设计模型。

(8) 模块开发卷宗。

(9) 软件测试计划。

(10) 软件测试总结报告。

(11) 用户手册。

(12) 软件验收报告。

(13) 交付清单。

(14) 软件项目总结报告。

(15) 源代码。

3) 服务

(1) 培训安装、使用,期限：投入使用一年内。

(2) 维护和运行支持,期限：投入使用一年内。

4) 非移交的产品

无。

12.1.2.2.4　验收标准

系统运行正常,程序实现预期功能。

12.1.2.2.5　项目的计划完成时间和最迟期限

计划完成时间：2016.5.21。

最迟期限：2016.5.28。

12.1.2.3 实施计划

1) 工作任务的分解与人员分工

项目工作分解如图 12-4 所示,任务分配情况在表 12-3 中列出。

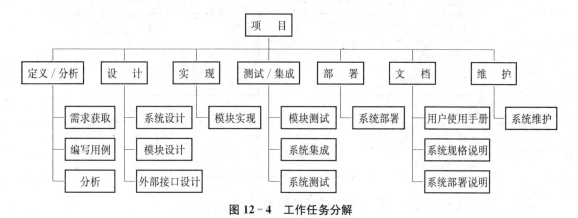

图 12-4 工作任务分解

表 12-3 任务分配情况表

项 目 任 务	负 责 人	参 加 人 员
需求获取	雷同学	姚同学
编写用例	姚同学	苏同学
分 析	雷同学	徐同学
系统设计	田同学	苏同学
模块设计	雷同学	田同学
外部接口设计	苏同学	
模块实现	徐同学	苏同学,姚同学
模块测试	苏同学	田同学
系统集成	徐同学	
系统测试	徐同学	
系统部署	田同学	徐同学
用户使用手册	姚同学	
系统规格说明	姚同学	
系统部署说明	田同学	
系统维护	姚同学	

2) 阶段计划

项目各阶段工作的安排如表 12-4 所示。

表 12 - 4　项目时间表

里 程 碑 事 件	预 定 日 期
需求定义文档完成	2016 - 04 - 06
软件架构设计文档完成	2016 - 04 - 20
模块开发完成	2016 - 05 - 05
系统集成完成	2016 - 05 - 14
系统测试	2016 - 05 - 20
系统部署	2016 - 05 - 28
项目全部结束	2016 - 06 - 01

项目各阶段工作任务时间分配情况的甘特图如图 12 - 5 所示。

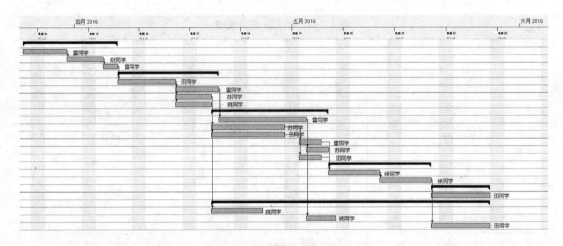

图 12 - 5　任务分工甘特图

各任务依赖关系及关键路径网络图如图 12 - 6 所示。

3）预算

（1）参与开发的人员数量：5 人。

（2）预计所需时间：约 2 个月。

（3）经费预算：

系统依托学生团队进行开发，因此所需开发经费较少：

系统开发费用：25 000 元。

对于维护费用，系统将要移交给网络信息中心，网络信息中心的工作人员在本职工作范围内进行系统维护，并不带来额外费用。而系统管理人员需要负责审核商品信息等工作，需要招聘学生参与此项工作，预计 5 000 元/年。

按照两年时间计算：

总费用：35 000 元。

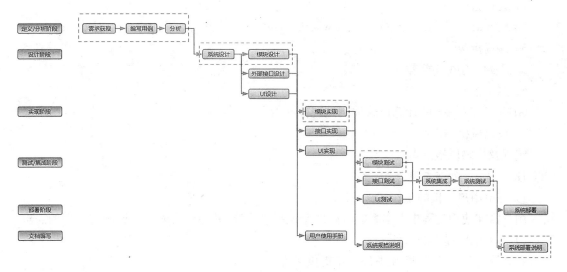

图 12-6　关键路径图

4）关键问题

（1）用户信息的保存和安全性问题。影响：如果用户信息丢失或者被窃取，会造成巨大的经济损失和隐私泄露。

（2）数据库的容量和稳定性问题。影响：数据库不稳定会导致系统瘫痪、软件无法正常使用。

（3）信息的实时性问题。影响：信息传输延时会使用户之间交流不顺畅。

（4）用户界面的人性化、操作的便捷性问题。影响：良好的用户界面和简单的操作能提高软件的实用价值。

（5）开发过程中的计划、沟通和技术限制等。影响：耽误开发进度，延长开发时间，无法达到预期目标。

12.1.2.4　技术流程计划

12.1.2.4.1　方法、工具和技巧

本项目程序采用 Java 语言开发，所使用 IDE 为 intellij IDEA＋Eclipse。

本系统数据库部分使用 MySQL 开发。

项目开发过程采用结构化开发的方式，将系统分为多个模块分别编写。

本项目开发的生命周期采用瀑布模型。

12.1.2.4.2　技术标准

项目遵循的技术标准如下：

1）业务建模指南

业务建模指南。

2）用户界面指南

Google Material design（https://www.google.com/design/spec/material-design）。

3）用例建模指南

用例建模指南。

4）设计指南

Google Material design（https：//www.google.com/ design/spec/material-design）。

5）编程指南

编程及代码风格指南。

6）测试指南

GBT 15532—2008 计算机软件测试规范。

7）代码风格指南

编程及代码风格指南。

12.1.2.5 外部支持条件

1）需由用户承担的工作

用户需在使用过程中对本系统发生的错误提出反馈，并与开发人员沟通确定合理的需求。

2）由外单位提供的条件

本系统为独立开发，暂无须外单位提供条件。

12.1.3 风险列表

风险列表如表 12-5 所示。

表 12-5 风险列表

#	风险陈述		发生概率 (0%~100%)	危害程度 (1~10)	应对方案	责任人
	情况	后果				
1	进入设计或实现阶段后需求发生变更	直接导致部分前期工作需要重做，进而拖长整个周期	40%	8	在设计之前须与用户充分沟通，挖掘用户真实的需求，做详细的需求分析	雷同学（项目经理）
2	模块编码时间超出预期	将拖慢整体进度，导致项目不能按期完成	50%	6	在进入实现阶段后，定时召开例会，把握开发进度	徐同学（开发工程师）
3	工作量超出预期	将使得软件的开发工作难以继续进行	15%	7	在正式开发之前进行合理的规划调配，制定出各任务的工作量，过程中持续地跟进监督	姚同学（分析工程师）
4	对用户数的估计出现偏差	后台的数据管理出现问题	10%	5	在设计之前先做一些调研，更可靠地估计用户数量	田同学（开发工程师）
5	测试过程没有发现隐藏的漏洞	将为软件的正常运行下埋下隐患，导致后续需要返工修改	50%	7	在测试阶段设计合理全面的测试方式，适当地进行更多测试	苏同学（开发工程师）

#	风　险　陈　述		发生概率 (0%~100%)	危害程度 (1~10)	应对方案	责任人
	情　况	后　果				
6	代码管理出现问题	将导致进度的损失倒退	10%	6	在编写过程中及时保存、备份以防意外情况的发生	雷同学 （项目经理）
7	开发过程中出现技术性困难	使项目停滞不前，无法按期完成	30%	8	查阅资料，请教其他专业人员	徐同学 （开发工程师）

12.2　需求获取和分析阶段

该阶段的报告包括词汇表和软件需求规约。

12.2.1　词汇表

12.2.1.1　简介

1）编写目的

本词汇表的编写目的是解释校园二手商品交易平台软件需求规约文档中使用和定义的术语。一方面，本表将规范词汇含义，避免客户或开发团队误解。另一方面，本表将作为团队下一阶段识别对象的依据。

2）适用范围

本词汇表适用的软件系统为：校园二手商品交易平台。

与该软件相关的模型、文档如软件需求规约等均使用本词汇表的定义。

3）参考资料

（1）《面向对象软件工程——使用 UML、模式与 Java》（第 3 版），清华大学出版社，2011。

（2）*IEEE Recommended Practice for Software Requirements Specifications*，IEEE Std 830 - 1998。

4）概述

该词汇表包括软件系统中的文档、模型等的词汇定义，按照英文字母顺序排序。

12.2.1.2　定义

1）英文缩写定义

Android：Google 推出的一款流行的智能终端操作系统；

App：application 的缩写，一般指发布的运行于智能手机上的应用程序；

b/KLOC：bugs/KLOC，千行代码的错误数量；

B/S：browser/server，浏览器/服务器模式；

http 协议：超文本传输协议，应用最广泛的网络协议；

Material design：Google 推出的一种设计语言，一种接近平面化的设计；

SQLserver：微软推出的一款基于关系型结构的数据库；

TCP/IP：internet 传输最基础的协议；

UDP：internet 基本协议之一。

2）术语词汇定义

用户（User）：网站的用户，可能是购买商品的人、销售商品的人或者管理员；

买方（Buyer）：需要购买商品的人；

卖方（Seller）：提供二手商品信息的人；

订单（Order）：买房与卖方达成一致后，由买方提交、卖方确认的商品购买请求；

商品（Item）：二手商品信息；

商品类别（Product Category）：二手商品的类别，如图书、电器等；

对话（Dialog）：买方与卖方在交易过程中的交流。

12.2.2　软件需求规约

12.2.2.1　引言

1）编写目的

本文档的编写目的是对二手商品交易平台的软件需求进行描述和规约，为后续的系统分析、设计和实现工作奠定基础。文档将详细地定义系统的功能和非功能需求，获取场景和用例。本文档也用于和客户进行沟通，明确客户需求的细节。

2）适用范围

本文档适用的软件为：校园二手商品交易平台。

与该软件相关的特性、子系统、模型等均符合本文档中的内容。

3）定义

本文档中涉及的术语定义在项目词汇表（词汇表）中给出。

4）参考资料

（1）《面向对象软件工程——使用 UML、模式与 Java》（第 3 版），清华大学出版社，2011。

（2）*IEEE Recommended Practice for Software Requirements Specifications*，IEEE Std 830‐1998。

5）概述

本文档包括引言、目前系统和建议的系统三部分。目前系统部分对当前线下二手交易市场进行分析，指出其不足并给出本系统开发的必要性；建议的系统部分列举系统的功能需求，并从不同方面规定非功能需求。该部分还描述了系统的各种场景并归纳为系统的用例，如用户登录、商品检索、商品购买等，并给出了初步的用户界面设计。

12.2.2.2　目前系统

当前的二手商品交易系统是一个线下的人工系统，即由商贩或者店家通过较低的价格收购旧书或者生活用品，自行整理分类后运至学校门口进行小范围短时间的销售，没有任何定价标准、时间不固定、规模小、效率低。

1）处理流程和数据流程

商家每年通过从毕业生或者高年级生手中收购二手货物后，进行分类处理，再运至地摊进行摆售,学生在空闲时间去进行货物挑选。

2)弊端和局限性

这种原始的二手市场交易存在如下弊端和局限性:

(1)时间不固定、容易受到天气的干扰。

(2)定价随意,商品信息需要顾客自己判断,交易地点不固定,顾客难以知晓。

(3)顾客很难寻找想要的商品,效率低。

12.2.2.3 建议的系统

12.2.2.3.1 概述

校园二手货交易平台的功能需求主要有用户注册与登录、浏览查找商品、发布商品、二手商品交易等,非功能需求包括高可靠性、操作便捷、响应快速和其他性能,系统模型包括具体的参与者和用例,参与者有包括注册用户和管理员,用例包括发布商品、查看个人商品信息、购买商品等。

12.2.2.3.2 功能需求

1)用户需求

用户登录后可以管理个人信息,查看自己已收藏或已发布的商品和订单;当用户要卖掉自己的二手商品时,可以发布商品和修改自己发布的商品的相关信息;当用户对某件商品感兴趣时,在进入该件商品的详情页面后,用户可以收藏商品、联系卖家、购买商品、确认交易或取消交易,用户填写订单时需要提供姓名、联系方式、交易时间、交易地点,确认商品数量和价格等信息,该系统暂不支持网上支付,只能通过卖家和买家确认交易时间和交易地点后线下交易,交易完成后由买家确认交易;用户可以浏览商品(全部浏览或分类浏览)、查看商品详情和搜索商品;当买方用户在交易结束后未确认交易,卖方用户可以联系管理员寻求帮助。

2)商品需求

商品信息主要包括商品名称、商品类型、价格、上架时间、商品数量、商品图片和商品简介等,其中商品的价格需要在合理范围内。不得发布违反法律法规的商品,用户可随时联系管理员举报违规商品。

12.2.2.3.3 非功能需求

1)可用性

(1)对用户的要求。学校中的用户对于一般的购物类手机 App 都很熟悉。本系统本身较为简单及界面友好,同时类似产品目前广泛使用,因此可以认为用户不需要培训即可使用本产品的全部功能。

(2)本系统应有特性。本系统需要对用户的操作进行一定的控制,使用户能够合理合法的使用本系统,对于非法操作要能够识别并排除干扰,正确实现功能,操作时给出适当的提示信息,操作完成时给出适当的确认信息。

2)可靠性

(1)系统开放时间。本系统上线后如无维护等情况每周为 7×24 小时运营。

(2)操作权限。对于普通用户,能够对自己所发布的商品进行查看等操作,对他人发布商品只可查看,不可更改。运行期间管理人员可对任意数据项进行读写操作。

(3)故障及处理要求。经讨论,预计初期系统的平均无故障时间为 24 h,经过长期运营后目标为 1 000 h 或以上。平均修复时间≤1 h。

（4）代码及系统错误率。最高代码错误率为 30 b/KLOC。

对于系统：

小错误：不影响正常运行，不影响用户体验，能够线上解决的错误，要求为 20 b/KLOC。

大错误：影响系统长期运行或者影响用户体验，不能够线上解决的错误，要求为 5 b/KLOC。

严重错误：一旦发生系统不能正常运行（部分服务停止或数据出现异常），要求为 1 b/KLOC。

3）性能

（1）响应时间需求。本系统对用户请求合适的平均响应时间在 0.5 s 左右为宜，最长响应时间不应该超过 2 s。

（2）吞吐量需求。本平台面向校园师生，考虑到实际情况，每秒处理的请求在 1 000 条以下。因此，本系统吞吐量不大，并发数要求不高。

（3）容量需求。对于本系统的适用范围，商品数为 10 000，在线用户为 500，注册用户不超过 10 000。

（4）降级模式。当本系统因某些状况不能工作在最佳性能模式时，需要进入降级模式。在降级模式中，我们认为系统能够承载初始设计的 1/10 负载仍然可以接受。此时，对硬件、通信等需求大大降低，同时能够满足最基本的需求。

（5）资源需求。初期预测本系统负载不大，预计不会超过 20 万条记录，内存占用不超过 1 GB。预计磁盘占用不超过 10 GB。对于网络请求，我们假定页面平均请求 100 Kb，每秒请求为 100 次，因此预计需要大约 10 Mbps 的带宽。

4）可支持性

（1）编码标准及命名约定。代码及编程标准参见《编程及代码风格指南》。

（2）维护访问权及实用程序。维护访问权仅限维护人员使用，用户不得擅自提升权限。维护实用程序由维护人员保存及使用，不得随意分发，使用时应当验证权限。

5）设计约束

（1）软件本身相关。考虑到适用人群，本软件应当支持英文、简体中文及繁体中文语言。本软件开发语言为 Java。

（2）软件流程需求约束。根据需求管理计划进行软件需求的分析等工作。

（3）构架及设计约束。本系统构架遵循 C/S 构架，设计时尽量做到各个模块相互分离，便于模块化开发，同时也注意复用性与可移植性。

（4）类库等。融云 IMKit 即时通讯云服务。

6）接口

（1）用户界面。本系统用户界面为手机端的 Android App。界面开发时采用 material design 风格，以求达到美观简洁的效果。

（2）硬件接口。本系统为 C/S 架构，需要硬件为能够运行浏览器的设备。考虑到移动计算的需求，App 运行需要搭载 Android 操作系统的设备。

（3）软件接口。本系统使用软件如下：

a. MySQL Server。

b. Android。

（4）通信接口。本系统使用的通信协议如下：

a. TCP/IP 协议。

b. UDP 协议。

c. http 协议。

7) 法律、版权及其他声明

本系统使用个人编写及开源代码构成,使用开源部分遵守开源代码所采用的协议,非开源部分版权归本开发组所有。本系统(包括但不限于软件、使用等方面)最终解释权归本开发组所有。

8) 适用的标准

计算机软件开发规范 GB 8566—88;

计算机软件单元测试指南 GB/T 15532—95;

软件维护指南 GB/T 14079—93;

计算机软件可靠性和可维护性管理 GB/T 14394—93。

12.2.2.3.4　系统模型

1) 场景

● **场景名称:**用户注册。

● **参与者实例:**游客小王。

● **事件流:**

1. 小王在页面上单击"注册"按钮,进入注册界面。

2. 小王在注册界面填写一份包含用户名、登录密码、确认登录密码、手机号、电子邮箱的表单并提交。

3. 系统收到小王的注册请求,小王注册成功。

● **场景名称:**用户登录。

● **参与者实例:**用户小王。

● **事件流:**

1. 小王在页面上单击"登录"按钮,进入登录页面。

2. 小王在登录界面填写一份包含用户名和登录密码的表单并提交。

3. 系统收到小王的登录请求,进行验证后,小王登录成功。

● **场景名称:**个人资料管理。

● **参与者实例:**用户小王。

● **事件流:**

1. 小王在页面上单击"资料管理"按钮,进入个人资料页面查看用户名、手机号、电子邮箱等内容。

2. 小王在个人资料页面单击"修改个人资料"按钮,进入个人资料修改页面。

3. 小王在个人资料修改页面编辑修改自己的用户名、手机号、电子邮箱等内容，修改完成后点击"确认修改"按钮。
4. 系统收到小王的修改请求，完成修改，返回个人资料页面。
5. 小王在个人资料页面单击"修改登录密码"按钮，进入登录密码修改页面。
6. 小王在登录密码修改页面输入新的登录密码，并再次输入以确认，填写完成后点击"确认修改"按钮。
7. 系统收到小王的修改请求，完成修改，返回个人资料页面。

- **场景名称：**商品发布。
- **参与者实例：**用户小李、管理员小张。
- **事件流：**

1. 小李在页面上单击"发布商品"按钮，进入商品发布页面。
2. 小李在商品发布页面填写商品名称、商品描述、期望价格，选择商品类别，并上传不超过 5 张照片，完成后单击"确认发布"按钮。
3. 系统管理员小张收到小李的发布请求，检查发布信息是否有效。
4. 小张通过小李的发布请求。
5. 小张通知小李发布请求已通过，并将该商品加入商品列表中。

- **场景名称：**个人商品信息管理。
- **参与者实例：**用户小李。
- **事件流：**

1. 小李单击"个人商品信息"按钮，进入个人商品信息查看页面。
2. 小李在个人商品信息查看页面单击"我的发布"按钮，进入个人已发布商品查看用例，查看所有自己发布的商品。
3. 小李在个人商品信息查看页面单击"我的收藏"按钮，进入个人已收藏商品查看用例，查看所有自己收藏的商品。
4. 小李在个人商品信息查看页面单击"我的订单"按钮，进入个人订单查看用例，查看自己所有的订单。

- **场景名称：**个人已发布商品查看。
- **参与者实例：**用户小李。
- **事件流：**

1. 小李单击"个人商品信息"按钮，进入个人商品信息查看页面。

2. 小李在个人商品信息查看页面单击"我的发布"按钮,进入个人已发布商品查看页面,可查看所有自己发布的商品。

3. 系统收到请求,跳转到个人已发布商品查看页面,展示小李已发布商品的商品名称、图片(若有)和期望价格。

● **场景名称**：个人已收藏商品查看。

● **参与者实例**：用户小李。

● **事件流**：

1. 小李单击"个人商品信息"按钮,进入个人商品信息查看页面。

2. 小李在个人商品信息查看页面单击"我的收藏"按钮,进入个人已收藏商品查看页面,可查看所有自己收藏的商品。

3. 系统收到请求,跳转到个人已收藏商品查看页面,展示小李已收藏商品的商品名称、图片(若有)和期望价格。

● **场景名称**：个人订单查看。

● **参与者实例**：用户小李。

● **事件流**：

1. 小李单击"个人商品信息"按钮,进入个人商品信息查看页面。

2. 小李在个人商品信息查看页面单击"我的订单"按钮,进入个人订单查看页面,可查看所有自己的订单。

3. 系统收到请求,跳转到个人订单查看页面,展示小李已购订单的商品名称、图片(若有)、期望价格和订单状态。

● **场景名称**：消息管理。

● **参与者实例**：用户小李。

● **事件流**：

1. 小李单击"消息管理"按钮,进入消息管理页面。

2. 小李在消息管理页面中查看历史消息的列表。

3. 小李单击其中的一条消息,进入对话。

● **场景名称**：对话。

● **参与者实例**：用户小李,用户小王。

● **事件流**:
1. 小李进入和小王对话页面,发送消息。
2. 系统将对话消息发送给小王,小王接收消息进入对话页面。
3. 小王和小李在对话页面中进行交流。
4. 两人通过关闭对话页面,退出对话。

● **场景名称**: 商品浏览。
● **参与者实例**: 用户小王。
● **事件流**:
1. 小王开启应用后,可通过上划、下划浏览主界面上已发布的二手商品。
2. 主界面的商品按分类类别顺序排列,小王可以单击界面左上角的"类别"按钮查看商品类别。
3. 左侧弹出商品类别菜单,小王单击他感兴趣的某一类商品,进入该类商品页面。
4. 小王通过上下划动浏览该类别商品,找到自己感兴趣的商品时单击该商品对应区域进入这件商品的页面中,可通过单击"返回"按钮返回前一个浏览页面。

● **场景名称**: 商品搜索。
● **参与者实例**: 用户小王。
● **事件流**:
1. 小王单击在浏览界面上方的搜索框,输入自己想搜索的商品的关键词后单击"搜索"按钮。
2. 系统通过关键词在所有商品中检索并返回与关键词符合度高的商品,在结果页面中显示。
3. 如果没有结果返回,可修改关键词后重复步骤1。
4. 小王浏览结果页面单击想找的商品对应区域进入该商品的页面中。

● **场景名称**: 商品查看。
● **参与者实例**: 用户小王。
● **事件流**:
1. 小王进入某一商品的页面,浏览该商品的详细信息,包括商品名称、商品类型、价格、上架时间、商品数量、商品图片和商品简介等。
2. 小王单击"返回"按钮返回前一个浏览页面。

● **场景名称**: 商品收藏。
● **参与者实例**: 用户小王。

● **事件流：**

1. 小王查看一件商品的页面,单击页面中的"收藏"按钮。
2. 系统接收小王的请求,将该商品信息加入小王的收藏列表。
3. 页面上的收藏按钮显示"已收藏"。

● **场景名称：** 商品购买。

● **参与者实例：** 用户买家小王,用户卖家小李。

● **事件流：**

1. 小王查看一件商品的页面,单击页面中的"购买"按钮。
2. 系统跳转到购买页面。
3. 小王填写页面订单中的买家姓名、联系方式、交易时间、交易地点,确认商品数量和价格等信息,单击"确认"按钮提交。然后小王等待卖家小李的确认。
4. 系统将购买信息发送给卖家小李。小李查看订单的信息并确认交易。
5. 系统将小李的确认消息发送给小王,下单成功。

● **场景名称：** 联系卖家。

● **参与者实例：** 用户买家小王,用户卖家小李。

● **事件流：**

1. 小王查看一件商品的页面,单击页面中的"联系"按钮。
2. 系统跳转到对话页面。
3. 小王向卖家小李发送消息,询问商品情况等。
4. 系统将对话消息发送给卖家小李。小李进入对话页面,回复小王的消息。
5. 小王和小李在对话页面中进行对话,商议价格和交易细节等。
6. 两人关闭对话页面,退出对话。

● **场景名称：** 完成交易。

● **参与者实例：** 用户买家小王,用户卖家小李。

● **事件流：**

1. 小王和小李在线下完成了交易。
2. 小王进入订单页面,通过单击确认按钮交易结束。
3. 小李收到消息,进行确认,交易结束。

2) 用例模型

系统中的所有参与者和用例如表 12-6～表 12-7 所示。

表 12 - 6　参与者信息表

参与者名称	参 与 者 解 释
用　户	登录的客户,可以使用信息管理、浏览搜索商品、买卖商品等所有系统提供的用户功能

表 12 - 7　用 例 信 息 表

编　号	用　　例	用例级别	用　例　描　述
UR - 01	Register	用户目标	用户注册填写用户名、密码,系统反馈
SUR - 01	Login	子功能	用户登录填写用户名和密码,系统验证并跳转页面
UR - 02	ManagePersonalInformation	用户目标	修改用户的用户名、密码、手机和电子邮箱等
UR - 03	PublishItem	用户目标	发布商品并填写商品的简要描述
SUR - 02	CheckPublishedItem	子功能	进入个人已发布商品查看页面
SUR - 03	CheckFavoredItem	子功能	进入个人已收藏商品查看页面
SUR - 04	CheckOrder	子功能	进入个人订单查看页面
UR - 04	CheckDialogs	用户目标	查看消息管理页面
SUR - 05	Communicate	子功能	双方在对话页面中交流
UR - 05	ReadItemDetails	用户目标	查看商品的信息
SUR - 06	BrowseItems	子功能	用户浏览感兴趣的商品
SUR - 07	SearchItem	子功能	用户搜索需要的商品
SUR - 08	FavorItem	子功能	收藏感兴趣的商品
UR - 06	PurchaseItem	用户目标	买家下单购买,卖家确认
SUR - 08	CloseDeal	子功能	买家确认交易结束
SUR - 10	CancelOrder	子功能	取消订单

详细用例信息如下:

- **用例名称**:Register。
- **范围**:系统用例。
- **级别**:用户目标。
- **主要参与者**:用户。
- **涉众及其关注点**:
  - ➢ 尚未注册的用户:成功注册账号。
- **前置条件**:用户进入登录界面。
- **后置条件**:用户注册成功。

- **主流程：**
1. 用户单击页面上的"注册"按钮。
2. 系统收到用户的请求，跳转到注册页面，展示注册表单供填写。
3. 用户填写注册表单的用户名、登录密码、确认登录密码、手机号、电子邮箱，填写完成后单击"确认注册"按钮。
4. 系统判别表单信息是否有效。
5. 系统提示注册成功，并跳转至登录界面。
- **扩展流程：**

注册表单信息无效：

    （1）在第 3 步，用户填写的登录密码不合法。系统提示用户填写的登录密码过短、过长或过于简单，请用户修改一个合法的密码后重新提交。

    （2）在第 3 步，用户填写的确认登录密码和登录密码不一致。

    （3）在第 3 步，用户填写的用户名已被注册。

    a. 系统提示用户该用户名已被注册，请用户修改后重新提交再试。

    b. 系统提示用户两次填写的登录密码不一致，请用户检查修改后重新提交。

    （4）在第 3 步，用户填写的手机号已被注册。系统提示用户该手机号已被注册，请用户检查修改后重新提交。

    （5）在第 3 步，用户填写的电子邮箱已被注册。系统提示用户该电子邮箱已被注册，请用户检查修改后重新提交。

- **特殊需求：** 无。
- **发生频率：** 可能随时发生，但一般情况一个用户只会注册一次，所以频率不会太高。

- **用例名称：** Login。
- **范围：** 系统用例。
- **级别：** 子功能。
- **主要参与者：** 用户。
- **涉众及其关注点：**

    ➤ 注册用户：登录以使用收藏和购买等功能。

- **前置条件：** 用户进入任一页面。
- **后置条件：** 用户进入登录状态。
- **主流程：**
1. 用户单击页面上的"登录"按钮。
2. 系统收到用户的请求，跳转到登录页面，展示登录表单供填写。
3. 用户填写登录表单的用户名和登录密码，填写完成后单击"登录"按钮。
4. 系统判别表单信息是否有效。

5. 系统提示登录成功,并跳转回登录前的页面。
- **扩展流程:**
登录表单信息无效:
    (1) 在第3步,用户填写的用户名和密码不合法。

    (2) 在第3步,用户填写的用户名不存在。系统提示用户该用户名不存在,请用户检查修改后重新提交。

    (3) 在第3步,用户填写的登录密码不正确。系统提示用户填写的用户名或登录密码有误。请用户检查修改后重新提交。
- **特殊需求:** 无。
- **发生频率:** 可能随时发生,频率较高。

- **用例名称:** ManagePersonalInformation。
- **范围:** 系统用例。
- **级别:** 用户目标。
- **主要参与者:** 用户。
- **涉众及其关注点:**
   ➢ 注册用户:成功修改自己的手机号、电子邮箱。
- **前置条件:** 用户已登录。
- **后置条件:** 更新用户个人资料。
- **主流程:**
1. 已登录用户单击页面上的"个人资料"按钮。
2. 系统响应请求,跳转到个人资料页面,展示用户的手机号、电子邮箱。
3. 用户在个人资料页面单击"修改个人资料"按钮。
4. 系统响应请求,跳转到个人资料修改页面。
5. 用户在个人资料修改页面编辑修改自己的手机号、电子邮箱等内容,修改完成后单击"确认修改"按钮。
6. 系统收到用户的修改请求,检查手机号、电子邮箱是否有效。
7. 系统完成用户的个人资料修改,并跳转回个人资料页面。

扩展流程:
个人资料无效:
    (1) 在第5步,用户填写的信息不完整,不合法。系统提示重新填写,填写后重新提交。

    (2) 在第5步,用户填写的用户名已被注册。系统提示用户该手机号已被注册,请用户检查修改后重新提交。

    (3) 在第5步,用户填写的电子邮箱已被注册。系统提示用户该电子邮箱已被注册,请用户检查修改后重新提交。

- **特殊需求**：无。
- **发生频率**：可能随时发生，频率较高。

- **用例名称**：PublishItem。
- **范围**：系统用例。
- **级别**：用户目标。
- **主要参与者**：用户。
- **涉众及其关注点**：
  - 用户：成功发布想要出售的物品供其他用户选购。
- **前置条件**：用户已登录。
- **后置条件**：更新商品列表和用户已发布商品的列表。
- **主流程**：
1. 用户在页面上单击"发布商品"按钮。
2. 系统收到请求，跳转到商品发布页面。
3. 用户在商品发布页面填写商品名称、商品描述、期望价格，选择商品类别，并可以上传不超过 5 张照片，完成后单击"确认发布"按钮。
4. 系统收到用户的发布请求，检查发布信息是否有效。

扩展流程：

用户提供的商品信息无效：

　　(1) 在第 3 步，用户没有填写商品名称。系统提示用户商品名称不能为空，要求完善后重新提交。

　　(2) 在第 3 步，用户没有填写期望价格。系统提示用户期望价格不能为空，要求完善后重新提交。

- **特殊需求**：无。
- **发生频率**：可能随时发生，频率较高。

- **用例名称**：CheckPublishedItem。
- **范围**：系统用例。
- **级别**：用户目标。
- **主要参与者**：用户。
- **涉众及其关注点**：
  - 用户：可以方便地查看自己已发布的商品。
- **前置条件**：用户单击"我的发布"按钮。
- **后置条件**：无。
- **主流程**：
1. 用户单击"我的发布"按钮。

2. 系统收到请求,跳转到个人已发布商品查看页面,展示用户已发布商品的商品名称、图片(若有)和期望价格。

3. 当有多个商品时,用户可以滚动查看。

● **扩展流程:**

1. 用户可以选择某一商品。

2. 显示商品信息,显示取消发布按钮。

3. 点击取消发布按钮,可以取消发布商品。

● **特殊需求:** 无。

● **发生频率:** 可能随时发生,频率较高。

● **用例名称:** CheckFavoredItem。

● **范围:** 系统用例。

● **级别:** 用户目标。

● **主要参与者:** 用户。

● **涉众及其关注点:**

➢ 用户:可以方便地查看自己已收藏的商品。

● **前置条件:** 用户单击"我的收藏"按钮。

● **后置条件:** 无。

● **主流程:**

1. 系统收到请求,跳转到个人已收藏商品查看页面,展示用户已收藏商品的商品名称、图片(若有)和期望价格供用户查看。

2. 当收藏商品较多时,用户可以滚动查看。

● **扩展流程:**

1. 用户单击某一商品。

2. 显示商品详细信息,以及取消关注按钮。

3. 用户单击取消关注,关注被取消。

● **特殊需求:** 无。

● **发生频率:** 可能随时发生,频率较高。

● **用例名称:** CheckOrder。

● **范围:** 系统用例。

● **级别:** 用户目标。

● **主要参与者:** 用户。

● **涉众及其关注点:**

➢ 用户:可以方便地查看自己的订单。

● **前置条件:** 用户在个人商品信息查看页面单击"我的订单"按钮。

- **后置条件**：无。
- **主流程**：
1. 系统收到请求,跳转到个人订单查看页面,展示用户订单的商品名称、图片(若有)、期望价格和订单状态供用户查看。
2. 当有多个订单时,用户可以滚动查看。
- **扩展流程**：
用户可以调用 CancelOrder 页面取消订单。
- **特殊需求**：无。
- **发生频率**：可能随时发生,频率较高。

- **用例名称**：CheckDialogs。
- **范围**：系统用例。
- **级别**：用户目标。
- **主要参与者**：用户。
- **涉众及其关注点**：
  ➢ 用户：可以方便地查看消息。
- **前置条件**：用户已登录。
- **后置条件**：无。
- **主流程**：
1. 用户单击"消息管理"按钮。
2. 系统收到请求,跳转到消息管理页面。
3. 用户在消息管理页面中查看历史消息的列表。
4. 如果用户单击一条消息记录,则进入对话,应用 Communicate 用例。
- **扩展流程**：无。
- **特殊需求**：无。
- **发生频率**：可能随时发生,频率较高。

- **用例名称**：Communicate。
- **范围**：系统用例。
- **级别**：用户目标。
- **主要参与者**：用户。
- **涉众及其关注点**：
  ➢ 用户：可以方便地进行交流,得到及时响应。
- **前置条件**：用户已登录,一方通过某途径进入对话。
- **后置条件**：保存或更新消息记录。
- **主流程**：

1. 一方进入对话页面,发送消息激活对话。
2. 另一方接受消息进入对话。
3. 双方在对话页面中交流,并可以通过关闭对话页面退出对话。
- **扩展流程:** 无。
- **特殊需求:** 消息传输要即时。
- **发生频率:** 可能随时发生,频率较高,短时间内可能有大量对话。

- **用例名称:** BrowseItems。
- **范围:** 系统用例。
- **级别:** 子功能。
- **主要参与者:** 用户。
- **涉众及其关注点:**
  ➢ 用户:浏览感兴趣的商品。
- **前置条件:** 用户打开主界面。
- **后置条件:** 用户进入查看某一商品的页面。
- **主流程:**
1. 用户开启应用通过上下划动浏览主界面上已发布的二手商品。
2. 主界面的商品按分类类别顺序排列,用户可以单击界面左上角的类别按钮查看商品类别。
3. 左侧弹出商品类别菜单,用户单击感兴趣的某一类商品,进入该类商品页面。
4. 用户通过上下划动浏览该类别商品,找到自己感兴趣的商品时单击该商品对应区域进入这件商品的页面中,可通过单击返回按钮返回前一个浏览页面。
- **扩展流程:** 无。
- **特殊需求:** 无。
- **发生频率:** 大部分时间用户都处在浏览状态,频率高。

- **用例名称:** SearchItems。
- **范围:** 系统用例。
- **级别:** 子功能。
- **主要参与者:** 用户。
- **涉众及其关注点:**
  ➢ 用户:搜索到需要的商品。
- **前置条件:** 当前页面具有搜索框。
- **后置条件:** 用户进入某一商品的页面或返回前一个页面。
- **主流程:**
1. 用户单击浏览界面上方的搜索框,输入自己想找的商品的关键词后单击"搜索"按钮。

2. 系统通过关键词在所有商品中检索并返回与关键词符合度高的商品,在结果页面中显示。

3. 如果没有结果返回,可修改关键词后重复步骤1。

4. 用户浏览结果页面单击想找的商品对应区域进入该商品的页面中。

● **扩展流程**:无。

● **特殊需求**:无。

● **发生频率**:可能随时发生,频率较高。

● **用例名称**:ReadItemDetail。

● **范围**:系统用例。

● **级别**:用户目标。

● **主要参与者**:用户。

● **涉众及其关注点**:

　➢ 用户:查看某一件商品的详细信息。

● **前置条件**:进入某一商品的页面中。

● **后置条件**:返回前一个浏览页面或因其他操作跳转至相对应页面。

● **主流程**:

1. 用户浏览商品或者搜索商品(调用用例 BrowersItems、SearchItems)进入查看商品页面。

2. 浏览该商品的详细信息,包括商品名称、商品类型、价格、上架时间、商品数量、商品图片和商品简介等。

3. 用户单击返回按钮返回前一个浏览页面。

4. 点击联系买家,进入 Communicate 用例。

● **扩展流程**:FavorItem。

● **特殊需求**:无。

● **发生频率**:可能随时发生,频率较高。

● **用例名称**:FavorItem。

● **范围**:系统用例。

● **级别**:子功能。

● **主要参与者**:用户。

● **涉众及其关注点**:

　➢ 注册用户:成功收藏感兴趣的商品。

● **前置条件**:用户进入某一商品的页面查看。

● **后置条件**:更新用户收藏列表。

● **主流程**:

1. 用户单击商品页面中的收藏按钮。

2. 系统响应请求,将该商品信息添加到该用户的收藏列表中。

3. 页面上的收藏按钮显示"已收藏"提示用户操作成功。

● **扩展流程:**

1. 取消收藏。

    在第 3 步后,用户可以再次单击按钮取消对商品的收藏:

    (1) 用户单击收藏按钮。

    (2) 系统响应请求,从该用户的收藏列表里删除该商品信息。

    (3) 页面上的收藏按钮恢复初始状态提示用户操作成功。

2. 未登录。

    在第 1 步,用户尚未登录:

    (1) 跳转至登录页面,进入登录用例。

    (2) 登录成功后返回主流程。

● **特殊需求:** 无。

● **发生频率:** 可能随时发生,频率较高。

● **用例名称:** PurchaseItem。

● **范围:** 系统用例。

● **级别:** 用户目标。

● **主要参与者:** 用户(买家、卖家)。

● **涉众及其关注点:**

    ➢ 买家用户:方便快捷地下单购买,卖家及时确认。

    ➢ 卖家用户:及时收到买家订单并处理。

● **前置条件:** 买家用户进入某一商品的页面查看。

● **后置条件:** 更新商品状态;反馈结果给买家用户。

● **主流程:**

1. 用户浏览商品或者搜索商品(调用用例 BrowersItems、SearchItem)进入查看商品页面,单击页面中的"购买"按钮。

2. 系统接收买家用户的请求,跳转到购买页面。

3. 买家用户填写页面订单中的买家姓名、联系方式、交易时间、交易地点,确认商品数量和价格等信息,单击"确认"按钮提交,等待卖家的处理。

4. 系统将购买信息发送给卖家用户。卖家查看订单的信息并确认交易。

5. 系统将卖家用户的确认消息发送给买家用户,购买成功。

● **扩展流程:**

1. 卖家取消订单。

    在第 4 步,卖家查看订单选择取消交易,调用 CancelOrder 用例。

2. 买家取消订单。

    在第 4 步,买家查看订单选择取消交易,调用 CancelOrder 用例。

3. 未登录。

在第 1 步,用户尚未登录:

(1) 跳转至登录页面,进入登录用例。

(2) 登录成功后返回主流程。

- **特殊需求**:无。
- **发生频率**:可能随时发生,频率较高,短时间内可能有大量交易。

- **用例名称**:CloseDeal。
- **范围**:系统用例。
- **级别**:用户目标。
- **主要参与者**:用户(买家,卖家)。
- **涉众及其关注点**:

  ➤ 买家用户:方便结束交易,可以自由评价。

  ➤ 卖家用户:及时接收买家的反馈、评论。

- **前置条件**:买卖双方在线下完成了交易。
- **后置条件**:更新商品页面,反馈买家评价。
- **主流程**:

1. 买家用户进入交易商品的订单页面,单击确认交易结束。

2. 系统跳转到评价页面,买家进行评价和打分并提交。

3. 系统将订单消息和买家评价发送给卖家用户。

4. 卖家进入订单页面,查看评价并确认交易结束。

- **扩展流程**:

买家用户未确认交易结束:

在线下交易结束后,买家用户未及时确认交易结束。

(1) 卖家进入订单页面,单击提醒买家。

(2) 系统将卖家的提醒消息发送给买家。

(3) 买家接收消息,进入主流程第 1 步。

- **特殊需求**:无。
- **发生频率**:可能随时发生,频率较高,短时间内可能有大量确认。

- **用例名称**:CancelOrder。
- **范围**:系统用例。
- **级别**:用户目标。
- **主要参与者**:用户(买家,卖家)。
- **涉众及其关注点**:

  ➤ 买家用户:方便结束交易,可以自由评价。

➤ 卖家用户：及时接收买家的反馈、评论。

● **前置条件**：买卖双方在线上创建了订单。

● **后置条件**：订单被取消。

● **主流程**：

1. 买家或卖家用户进入订单页面，单击取消订单。

2. 订单页面显示取消理由框，填写并提交。

3. 系统将取消订单信息发送给另一方。另一方查看并确认后订单取消。

● **扩展流程**：无。

● **特殊需求**：无。

● **发生频率**：可能随时发生，频率较高，短时间内可能有大量确认。

完整的用例图如图 12-7 所示。

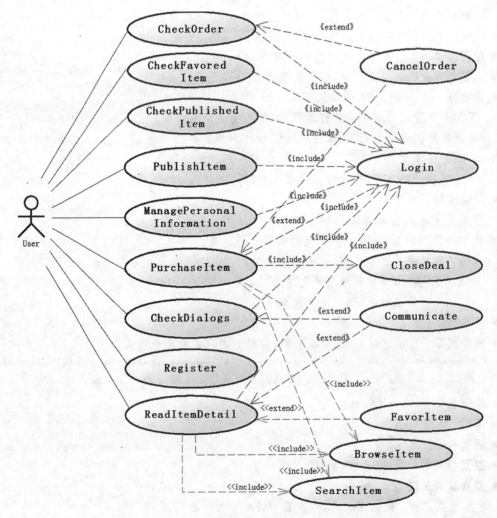

图 12-7 用例图

3）对象模型

对象模型分为实体类、边界类和控制类，如表12-8～表12-10所示。

表12-8 实 体 类

实体类名称	属 性	关联类	定 义
User	userID：int username：String password：String phonenumber：String e-mail：String	DialogList FavoredList Order OrderList PublishedList	用户信息类，保存用户名、密码、手机号、邮箱及用户ID
Item	itemID：int itemname：String itemdescription：String itemprice：double img_src：String add_time：date status：String	FavoredList PublishedList Order ItemType	商品类，保存商品名称、简要描述、价格、发布时间、商品状态、所有者ID、商品ID及图片地址
Order	order_id：int ordertime：datetime place：String status：String	User Item OrderList	订单类，保存交易的各项信息，是交易的凭证
FavoredList	items：List	User Item	保存该用户已收藏的商品的列表
OrderList	orders：List	User Order	保存该用户的所有订单的列表
PublishedList	items：List	User Item	保存该用户已发布的商品的列表
DialogList	dialogs：List	User Dialog	保存该用户的所有对话信息的列表
Dialog	content：String	DialogList	对话类，保存对话的消息记录
ItemType	typeID：int typeName：String typeDescription：String	Item	某一商品种类

表12-9 边 界 类

边界类名称	定 义
LoginPage	登录页面
RegistrationPage	注册页面
MainPage	商品主界面
ItemListPage	商品列表页面
PublishItemPage	发布商品页面

边界类名称	定　义
ItemPage	显示某一商品信息的页面
PersonalPublishedPage	显示个人发布的商品列表
PersonalFavoredPage	显示个人收藏的商品列表
PersonalOrderPage	显示个人订单列表
PersonalInfoPage	用户信息表单
OrderDetailPage	订单页面
SearchBar	搜索框
DialogListPage	展示对话列表
DialogPage	展示某一次对话的页面

表 12 - 10　控 制 类

控制类名称	定　义
ItemControl	控制发布、搜索、浏览和收藏商品的过程
PurchaseControl	控制购买商品和完成交易的过程
UserInfoControl	控制用户注册、登录、查看并修改个人信息和查看个人已发布商品、已收藏商品、订单的过程
DialogControl	控制用户进行对话的过程

所有实体类的类图如图 12 - 8 所示。

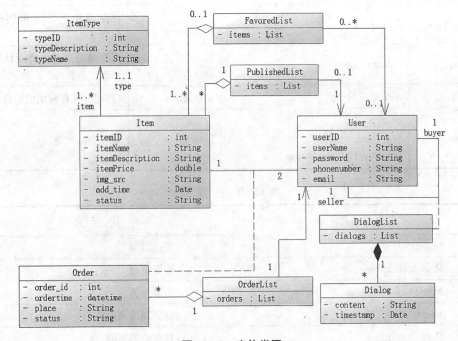

图 12 - 8　实体类图

所有类的类图如图 12-9 所示。

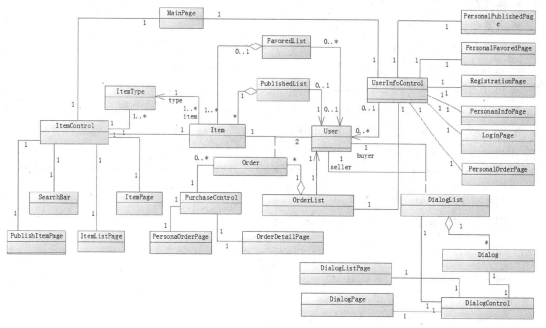

图 12-9　类图

4）动态模型

（1）系统顺序图与操作契约。

用例 1：Register（见图 12-10）。

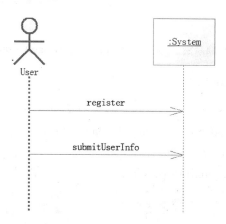

图 12-10　Register 系统顺序图

契约 CO1：submitUserInfo

- **操作**：submitUserInfo（username：Username，password：Password，e-mailL：E-mail，phonenumber：Phonenumber，userID：UserID）。
- **交叉引用**：Register。

- **前置条件**：用户进入任意界面。
- **后置条件**：
  ➢ 创建 User 的实例 u;
  ➢ u. userID 赋值;
  ➢ u. userName 赋值为 username;
  ➢ u. password 赋值为 password;
  ➢ u. phonenumber 赋值为 phonenumber;
  ➢ u. e-mail 赋值为 e-mail。

用例 2：Login(见图 12 - 11)。
用例 3：ManagePersonalInformation(见图 12 - 12)。

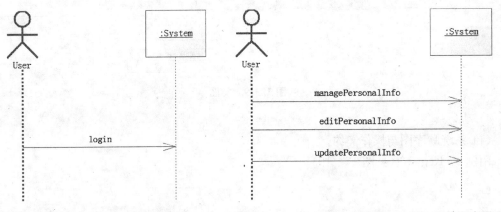

图 12 - 11　Login 系统顺序图　　　图 12 - 12　ManagePersonalInformation 系统顺序图

契约 CO2：updatePersonalInfo

- **操作**：UpdatePersonalInfo（e-mail：E-mail，password：String，phonenumber：Phonenumber，userID：UserID）。
- **交叉引用**：ManagePersonalInformation。
- **前置条件**：用户已登录。
- **后置条件**：
  ➢ 依据 userID 与 u. userID 的匹配找到对应 u;
  ➢ u. phonenumber 赋值为 phonenumber;
  ➢ u. e-mail 赋值为 e-mail;
  ➢ u. password 赋值为 password。

用例 4：PublishItem(见图 12 - 13)。

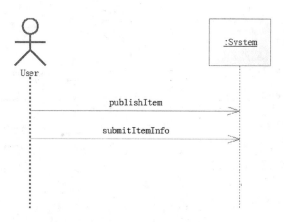

图 12 - 13 PublishItem 系统顺序图

契约 CO3：submitItemInfo

- **操作**：submitItemInfo(itemname：Itemname, itemprice：Itemprice, photo：Photo, itemID：ItemID, itemdescription：Itemdescription, itemtype：Itemtpye)。
- **交叉引用**：PublishItem。
- **前置条件**：用户已登录。
- **后置条件**：
  - ➤ 创建了 Item 的实例 i；
  - ➤ 创建 itemid，为 i. itemID 赋值；
  - ➤ i. itemName 赋值为 itemname；
  - ➤ i. itemDescription 赋值为 itemdescription；
  - ➤ i. itemPrice 赋值为 itemprice；
  - ➤ i. add_time 赋值为当前时间；
  - ➤ i. status 赋值为 onsale；
  - ➤ 保存图片，将图片地址赋给 i. img_src；
  - ➤ i. itemType 关联 ItemType。

用例 5：CheckPublishedItem(见图 12 - 14)。

用例 6：CheckFavoredItem(见图 12 - 15)。

用例 7：CheckOrder(见图 12 - 16)。

用例 8：CheckDialogs(见图 12 - 17)。

用例 9：Communicate(见图 12 - 18)。

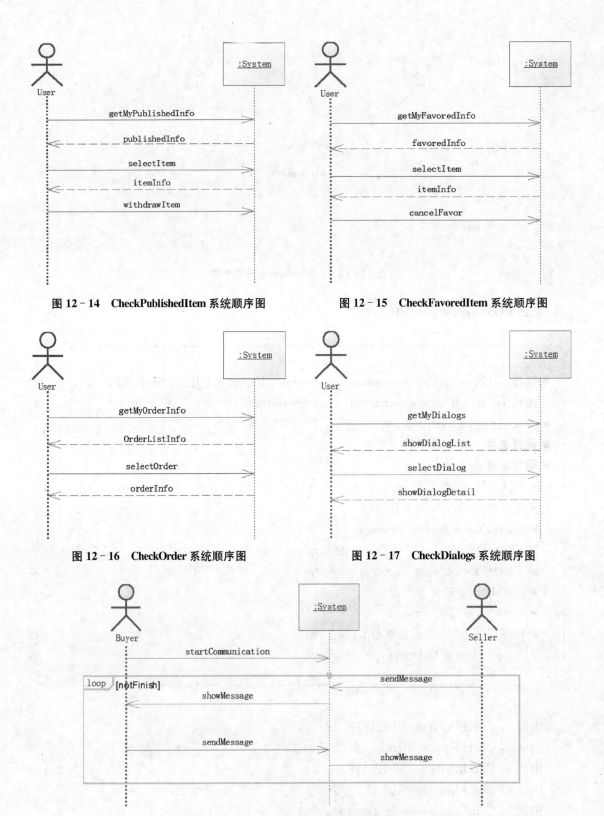

图 12－14　CheckPublishedItem 系统顺序图

图 12－15　CheckFavoredItem 系统顺序图

图 12－16　CheckOrder 系统顺序图

图 12－17　CheckDialogs 系统顺序图

图 12－18　Communicate 系统顺序图

契约 CO4：sendMessage

- 操作：sendMessage(message：String)。
- 交叉引用：Communicate,ContactSeller，CheckDialogs。
- 前置条件：在对话页面中。
- 后置条件：
  - ➤ 更新了 Dialog 的实例 d 的内容 d. dialog。

用例 10：BrowseItems(见图 12 - 19)。

用例 11：SearchItems(见图 12 - 20)。

用例 12：ReadItemDetails(见图 12 - 21)。

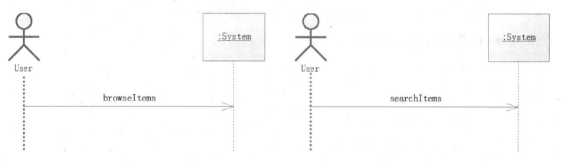

图 12 - 19　BrowseItems 系统顺序图　　　　图 12 - 20　SearchItems 系统顺序图

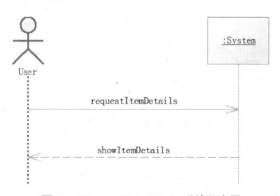

图 12 - 21　ReadItemDetails 系统顺序图

契约 CO5：requestItemDetails

- 操作：requestItemDetails()。
- 交叉引用：ReadItemDetails。
- 前置条件：正在浏览商品。
- 后置条件：
  - ➤ 基于 Item 信息创建了 ItemPage 的实例 ip；
  - ➤ 基于 Item. ItemID 的匹配,将 ip 与 Item 关联起来。

用例 13：FavorItem(见图 12 - 22)。

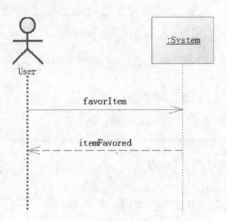

图 12 - 22　FavorItem 系统顺序图

用例 14：PurchaseItem(见图 12 - 23)。

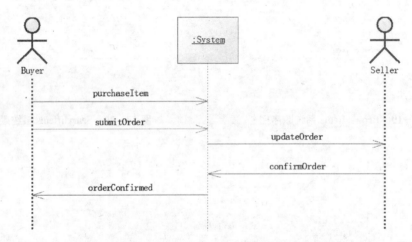

图 12 - 23　PurchaseItem 系统顺序图

契约 CO6：submitOrder

- **操作：** submitOrder (buyerID：UserID, dealData：Date, dealTime：Time, dealPlace：String, price：Price, sellerID：UserID, itemID：ItemID)。
- **交叉引用：** PurchaseItem。
- **前置条件：** 正在查看某一商品。
- **后置条件：**
  ➢ 创建了 Order 的实例 o；
  ➢ 基于 buyerID 和 sellerID 的匹配，将 o 与 buyer 和 seller 关联；
  ➢ o. buyer 赋值为 buyerID；
  ➢ o. item 赋值为 itemID；

- ➤ o. seller 赋值为 sellerID；
- ➤ o. date 赋值为 dealDate；
- ➤ o. time 赋值为 dealTime；
- ➤ o. place 赋值为 dealPlace；
- ➤ o. price 赋值为 price；
- ➤ o. status 赋值为 created。

契约 CO7：confirmOrder

- ● **操作**：confirmOrder(o：Order，i：Item)。
- ● **交叉引用**：PurchaseItem。
- ● **前置条件**：买家已提交订单。
- ● **后置条件**：
  - ➤ o. status 赋值为 confirmed；
  - ➤ i. status 赋值为 bought；
  - ➤ 基于 buyerID，将 Order 与 OrderList 关联。

用例 15：CloseDeal(见图 12 - 24)。

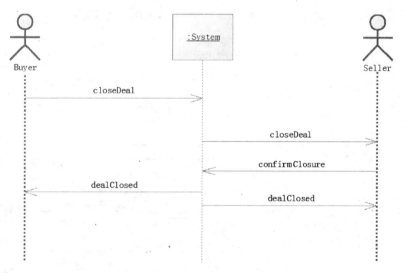

图 12 - 24 CloseDeal 系统顺序图

契约 CO8：confirmClosure

- ● **操作**：confirmClosure(o：Order，i：Item，comments：String)。
- ● **交叉引用**：CloseDeal。

用例 16：CancelOrder(见图 12-25)。

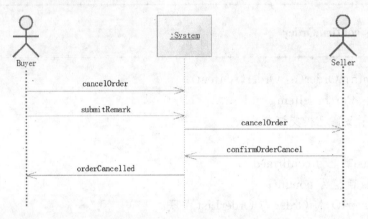

图 12-25 CancelOrder 系统顺序图

(2) 顺序图。

a. 系统消息顺序图：register & submitUserInfo(见图 12-26)。

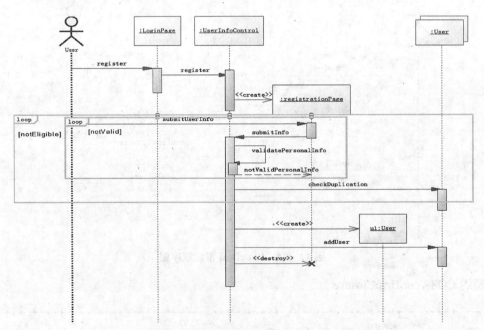

图 12-26 register & submitUserInfo 系统消息顺序图

b. 系统消息顺序图：login(见图 12-27)。

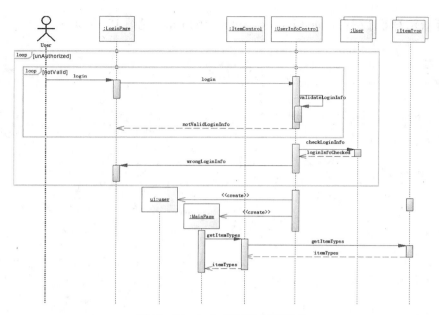

图 12‑27 login 系统消息顺序图

c. 系统消息顺序图：managePersonalInfo & editPersonalInfo & updatePersonalInfo（见图 12‑28）。

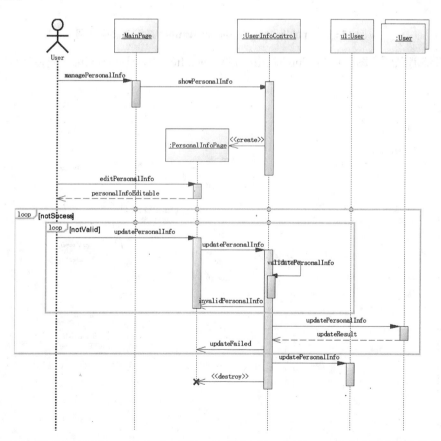

图 12‑28 managePersonalInfo & editPersonalInfo & updatePersonalInfo 系统消息顺序图

d. 系统消息顺序图：publishItem & submitItemInfo（见图 12 - 29）。

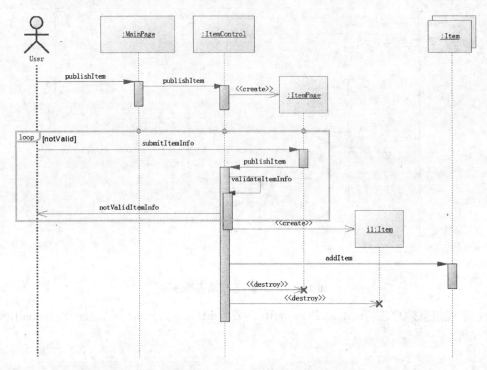

图 12 - 29 publishItem & submitItemInfo 系统消息顺序图

e. 系统消息顺序图：getMyPublishedInfo & selectItem & withdrawItem（见图 12 - 30）。

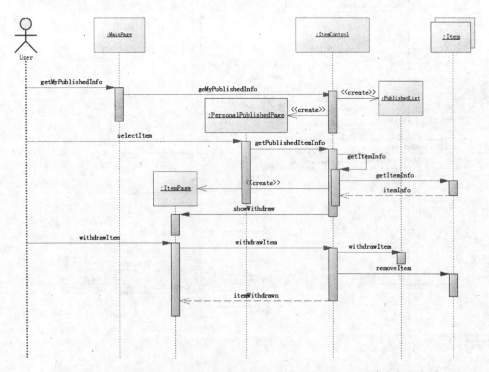

图 12 - 30 getMyPublishedInfo & selectItem & withdrawItem 系统消息顺序图

f. 系统消息顺序图：getMyFavoredInfo & selectItem & cancelFavor(见图 12 - 31)。

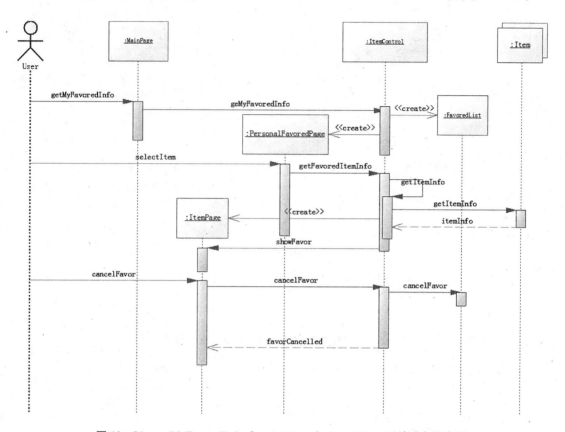

图 12 - 31　getMyFavoredInfo & selectItem & cancelFavor 系统消息顺序图

g. 系统消息顺序图：getMyOrderInfo & selectOrder(见图 12 - 32)。

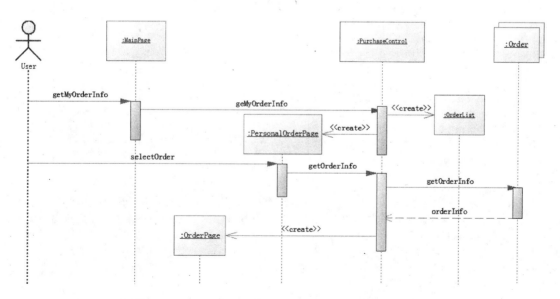

图 12 - 32　getMyOrderInfo & selectOrder 系统消息顺序图

h. 系统消息顺序图：getMyDialogs & selectDialog（见图 12 - 33）。

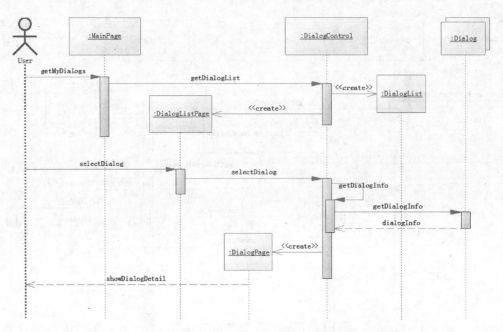

图 12 - 33　getMyDialogs & selectDialog 系统消息顺序图

i. 系统消息顺序图：startCommunication & sendMessage（见图 12 - 34）。

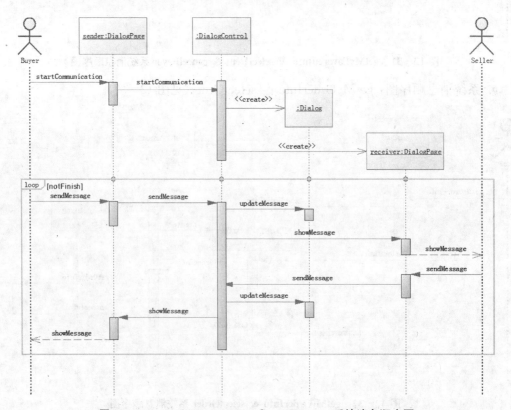

图 12 - 34　startCommunication & sendMessage 系统消息顺序图

j. 系统消息顺序图：browseItems（见图 12-35）。

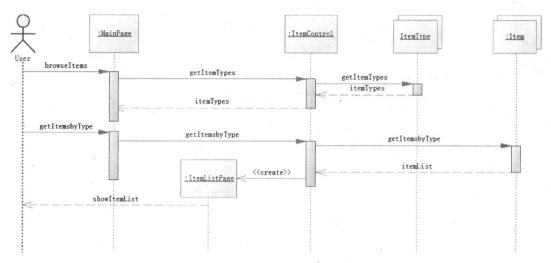

图 12-35　browseItems 系统消息顺序图

k. 系统消息顺序图：searchItems（见图 12-36）。

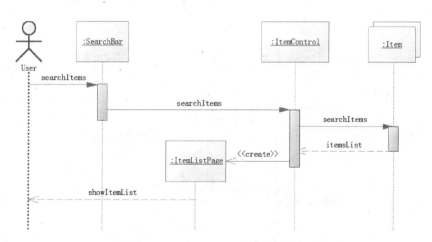

图 12-36　searchItems 系统消息顺序图

l. 系统消息顺序图：requestItemDetails（见图 12－37）。

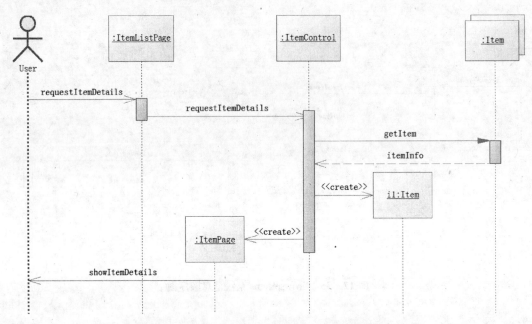

图 12－37　requestItemDetails 系统消息顺序图

m. 系统消息顺序图：favorItem（见图 12－38）。

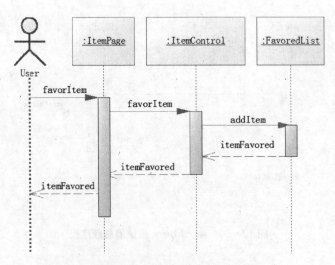

图 12－38　favorItem 系统消息顺序图

n. 系统消息顺序图：purchaseItem & submitOrder(见图 12 - 39)。

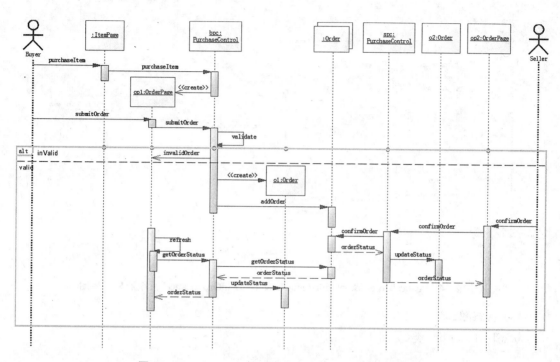

图 12 - 39　purchaseItem & submitOrder 系统消息顺序图

o. 系统消息顺序图：closeDeal(见图 12 - 40)。

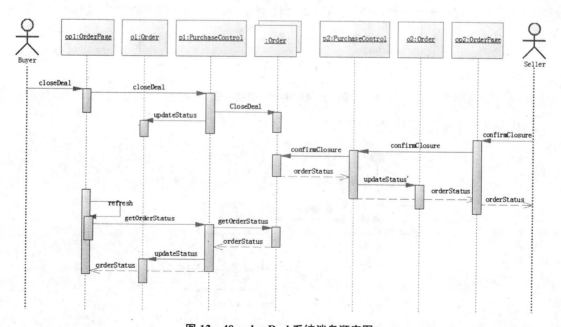

图 12 - 40　closeDeal 系统消息顺序图

p. 系统消息图：cancelOrder & submitRemark & confirmOrderCancel（见图 12 - 41）。

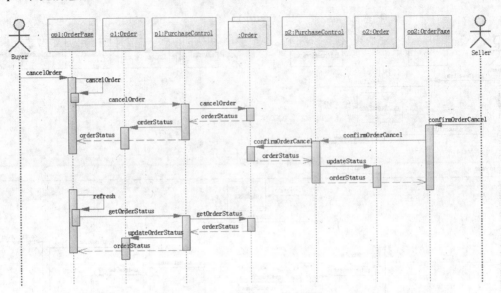

图 12 - 41　cancelOrder & submitRemark & confirmOrderCancel 系统消息顺序图

（3）状态图。
状态图 1：Order 类（见图 12 - 42）。

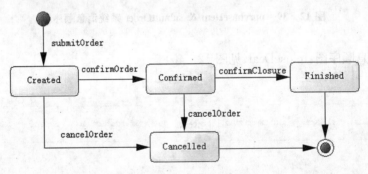

图 12 - 42　Order 类状态图

状态图 2：Dialog 类（见图 12 - 43）。

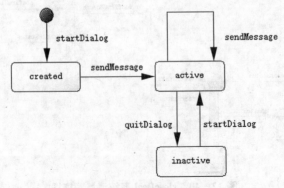

图 12 - 43　Dialog 类对象图

5) 用户界面

根据系统功能,用户界面应包含主页、登录界面、注册界面、搜索结果显示界面、个人资料页、个人商品页、用户对话界面和分类页等。具体页面设计如下:

(1) 主页:在本页显示本 App/网页名称、制作者、显示登录和注册选项以及搜索选项,可链接至登录和注册界面以及搜索界面。

(2) 登录页面:本页面用于登录,在本页提示用户输入账户密码,能链接至注册页面。

(3) 注册页面:在本页提示用户输入新的账户密码、邮箱及验证码等,可返回主页及登录界面。

(4) 搜索结果显示页面:在本页顺序排列符合的搜索结果,对于每个结果显示图片、价格、卖家信息等,同时对用户提供收藏选项并记录用户信息,可返回主页。

(5) 个人资料页面:用户在此页对自身账户进行设置,如修改头像、密码、基本页面设置等,能返回搜索页面或链接至个人商品页。

(6) 个人商品页面:用户在此页能查看已收藏的商品、个人已发布的商品及购买记录,能返回搜索页面或链接至个人资料页。

(7) 用户对话页面:用于用户间的沟通,可返回搜索结果页面,简略显示双方聊天记录,便于用户与卖家进行售后沟通。

(8) 消息记录页面:用于显示用户的聊天记录,能进入对话页面或返回至上个页面。

(9) 分类浏览页面:本页面按类别分类便于用户能快速准确地浏览并找到目标商品。

(10) 商品页面:显示某一商品的寄售者、价格、图片等信息,可进行购买、收藏等操作,可返回搜索页面、主页。

用户界面设计图如下:

(1) 个人信息页面(见图 12 - 44)。

(2) 对话界面(见图 12 - 45)。

图 12 - 44　个人信息页面

图 12 - 45　对话界面

(3) 查看消息界面(见图 12-46)。

(4) 订单信息填写界面(见图 12-47)。

图 12-46　查看消息页面

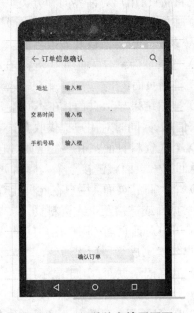

图 12-47　订单信息填写页面

(5) 用户注册界面(见图 12-48)。

(6) 用户登录界面(见图 12-49)。

图 12-48　用户注册页面

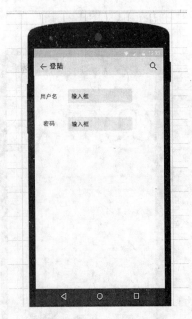

图 12-49　用户登录页面

(7) 商品详情界面(见图 12-50)。

(8) 搜索结果界面(见图 12-51)。

图 12-50 商品详情页面

图 12-51 搜索结果页面

(9) 主界面(见图 12-52)。

(10) 主界面-侧滑设置界面(见图 12-53)。

图 12-52 主页面

图 12-53 侧滑设置页面

12.3 设计阶段

该阶段的报告主要为软件架构设计、软件设计模型。

12.3.1 软件架构设计

12.3.1.1 引言

1) 编写目的

本软件架构文档的编写目的是对二手商品交易平台软件的系统结构进行描述和定义,在之前的需求规约、系统分析的基础上,利用各种模型,详细展示系统的结构,为后续的软件实现工作奠定基础。文档将定义系统架构的设计目标,描述系统的结构、子系统定义、软硬件部署、数据管理、软件控制、边界条件等内容。本文档用于开发团队明确系统的架构和设计,并以之为依据进行开发工作。

2) 适用范围

本文档适用于的软件:校园二手商品交易平台。

与该软件相关的特性、子系统、模型等均符合本文档中的内容。

3) 定义

本文档中涉及的术语定义在项目词汇表(词汇表.docx)中给出。

4) 参考资料

《面向对象软件工程——使用 UML、模式与 Java》(第 3 版),清华大学出版社,2011。

5) 概述

本文档包括引言、目前系统架构、系统架构设计目标、建议的软件系统架构四部分。目前系统部分对当前线下二手交易市场进行分析并指出其不足。系统架构设计目标部分结合软件需求,列举出系统设计的目标。建议的软件系统架构给出系统的架构和子系统的分解,并以文字表述和模型图相结合的方式展示系统的对象设计、软硬件部署、数据管理、软件控制、边界条件等设计。本文件的各部分内容联系紧密,互为补充和对照,共同呈现本系统的软件架构。

12.3.1.2 目前软件系统体系架构

目前存在的系统是一个线下的原始人工系统,即由商贩或者店家通过较低的价格收购旧书或者生活用品,自行整理分类后运至学校门口进行小范围短时间销售的这一流程所构成的系统。

新的系统是手机端的 App,快捷简便且便于用户上手。

12.3.1.3 软件系统架构设计目标

系统架构的设计目标如下:

(1) 高可用性:本软件作为一个交易平台,如果在交易发生时发生系统不可用的情形,将会带来不可知的后果。因此系统需要保证较高的可用性。

(2) 安全性:本系统注册为实名制,数据库内保留有比较重要的个人信息,因此必须保证系统的安全性。

(3) 高性能:本系统运行过程中实时响应,并且具有较大的流量,因此要求有较高的性能。

（4）可扩展性：本系统在初期规模较小时，不需要较为高规格的硬件。但应当考虑到在用户数量增加后对系统的扩展。

12.3.1.4　建议的软件系统架构

12.3.1.4.1　概述

本系统的架构及采用架构模式：

1）客户/服务器模式（client/server）

本系统分为前台客户端和后台服务器。前台为用户手机上的 App，后台是实现系统功能的服务器。

选择客户/服务器模式的原因是这种模式比较成熟，且客户、服务器分离符合 App 开发的环境，并且也方便数据的集中管理。

2）三层体系结构（3 - layered architecture）

本系统用三个层次来组织子系统：第一层为用户界面层，提供与用户交互的接口，即 App 的 UI。第二层为应用逻辑层。这一层主要负责控制并实现系统功能，包含 UserManagement、ItemManagement、OrderManagement 和 DialogManagement 四个子系统，分别负责用户信息、商品、订单和对话的控制。第三层为存储层。主要负责系统数据的存储、检索和查询。

三层体系结构比较成熟，将接口和应用逻辑分开，耦合度低，灵活性和扩展性强，方便开发过程的分工。因此本软件采用这个结构。

3）模型视图控制器模式（model，view and controller，MVC）

MVC 模式适用于交互系统。在上述的三层体系结构中已经将系统分为视图（第一层）、控制器（第二层）和模型（第三层）三部分。

本系统为独立开发，在支持双方交互通信功能的实现上，将使用第三方的类库。

本系统包含以下子系统：

（1）UI：负责用户界面部分。

（2）UserManagement：负责用户信息的管理，控制登录、注册、个人资料修改等功能。

（3）ItemManagement：负责商品的管理，控制商品发布、修改、检索、分类、查看等功能。

（4）PurchaseManagement：负责订单的管理，控制订单的生成、确认和完成等功能。

（5）DialogManagement：负责对话和消息管理。控制用户之间的联系、系统消息的发送、公告的管理等功能。

（6）CommonService：负责客户机与服务器通信以及数据存取功能。

12.3.1.4.2　用例视图

插入软件需求规约文档中的图 12 - 7。此处为节省篇幅略去。在实际的文档中，为了文档的完整性、自包含性，将把图 12 - 7 复制在此处。

12.3.1.4.3　系统逻辑视图

1）系统架构

本系统采用了三层体系结构和客户机/服务器模式。最顶层是 UI 层，是用户直接交互的客户机部分。中间层是应用逻辑层，包含实现系统功能的各子系统。第三层为公共服务层，实现对数据的存储和管理、移动端与服务器的通信功能。

此处插入软件设计模型文档中的图 12-60。此处为节省篇幅略去。在实际的文档中,为了文档的完整性、自包含性,应把图 12-60 复制在此处。

2) 子系统

(1) UI 子系统。

功能:负责与用户的交互。

服务:UI 层主要提供各种输入框、按钮、文本框等进行信息的显示和与用户的交互的功能。

类图:此处插入软件设计模型文档中的图 12-61。

组件图:此处插入软件设计模型文档中的图 12-89。

(2) UserManagement 子系统。

功能:负责用户信息的管理,控制登录、注册、个人资料修改等。

服务:

public void register()

public int submitUserInfo(String userName, String password, String mail, String phoneNumber, String passwordConfirmation)

public int login(String userName, String password)

public void showPersonalInfo()

public int updatePersonalInfo(String userName, String password, String mail, String phoneNumber, String passwordConfirmation)

类图:此处插入软件设计模型文档中的图 12-62。

组件图:此处插入软件设计模型文档中的图 12-90。

(3) ItemManagement 子系统。

功能:负责商品的管理,控制商品发布、修改、检索、分类、查看等功能。

服务:

public String getItemTypes()

public String getItemsbyType(String typeName)

public Boolean publishItem(String itemName, String description, String price, String itemType, Image image)

public void publishItemProcess()

public void getMyPublishedInfo(int userID)

public Item getPublishedItemInfo(int itemID)

public Boolean withdrawItem(int itemID)

public Item[] getMyFavoredInfo(int userID)

public Item getFavoredItemInfo(int itemID)

public Item getItemInfo(int itemID)

public Boolean cancelFavor(int userID, int itemID)

public Item[] searchItems(String keywords)

public Item requestItemDetails(int itemID)

public Boolean favorItem(int userID, int itemID)

类图：此处插入软件设计模型文档中的图 12 - 63。

组件图：此处插入软件设计模型文档中的图 12 - 91。

（4）PurchaseManagement 子系统。

功能：负责订单的管理，控制订单的生成、确认和完成等功能。

服务：

public void purchaseItem()

public Boolean submitOrder(int userID，int itemID，Date dealTime，String dealPlace，String phoneNumber)

public int submitOrder()

public Boolean confirmOrder(int orderID)

public String getOrderStatus(int orderID)

public Boolean closeDeal(int orderID)

public Boolean confirmClosure(int orderID)

public Boolean cancelOrder(int userID，int orderID)

public Boolean confirmOrderCancel(int orderID，int userID)

public Order[] getMyOrderInfo(int userID)

public Boolean selectOrder(int orderID)

public Order getOrderInfo(int orderID)

类图：此处插入软件设计模型文档中的图 12 - 64。

组件图：此处插入软件设计模型文档中的图 12 - 92。

（5）DialogManagement 子系统。

功能：负责对话和消息管理。控制用户之间的联系、系统消息的发送、公告的管理等功能。

服务：

public Dialog[] getMyDialogs(int userID)

public Dialog choseDialog(int dialogID)

public Dialog getDialogInfo(int dialogID)

public Boolean startCommunication(int callerID，int calleeID)

public Boolean communicationRequest(int callerID)

public Boolean sendMessage(int sendID，int receiverID，String content)

public Boolean showMessage(int senderID，int receiverID，String contents)

类图：此处插入软件设计模型文档中的图 12 - 65。

组件图：此处插入软件设计模型文档中的图 12 - 93。

（6）CommonService 子系统。

功能：提供数据存取管理、客户端与服务器通信功能。

服务：

public String request(String requestString，String url)

public Boolean startCommunication(int callerID，int calleeID)

public Boolean sendMessage(int senderID，int receiverID，String contents)

类图：此处插入软件设计模型文档中的图 12 - 66。

组件图：此处插入软件设计模型文档中的图 12-94。

3）用例实现

本系统中的核心用例为 PurchaseItem。

此处插入软件设计模型文档中的图 12-80。

4）子系统协作

核心用例 PurchaseItem 的子系统协作图如图 12-54 所示。

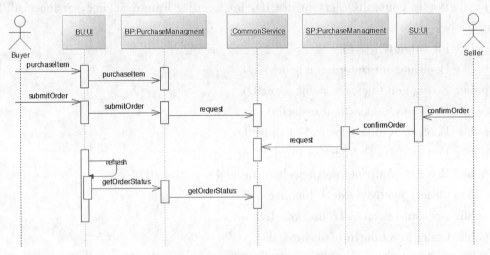

图 12-54　PurchaseItem 子系统协作图

12.3.1.4.4　系统运行视图

1）客户端进程视图

在 Client 端，为了保证用户体验，UI 线程只负责边界对象与用户的交互。同时对每一个控制器单独启动一个线程。同时对于通信模块，也启动一个线程。这样的设计能够保证前台、功能实现、通信不会阻塞应用的运行。

此处插入软件设计模型文档中的图 12-95。

2）服务端进程视图

服务端进程设计中，对于通信部分，将依据请求的并发性，进行多线程的管理，以响应每个客户的请求。同时，各个控制对象也有自己单独的线程。对于持久服务，我们也将采用多线程机制保证其响应性。

此处插入软件设计模型文档中的图 12-96。

12.3.1.4.5　系统实现视图

1）系统开发环境

开发环境：Eclipse。

Android Studio 2.0。

开发语言：Java。

2）系统开发模型

本系统中按照组件图进行了相应的软件文件定义，因此，系统开发模型与 12.3.1.4.3 节中的组件图一致。

12.3.1.4.6　系统物理视图

此处插入软件设计模型文档中的图 12-97。

硬件配置要求：

（1）User machine：一台配有 1 GHz 双核处理器及 1 GB 内存（或以上）的手机。为保证较为良好的用户体验，此为流畅运行大多数安卓应用程序的最低配置。

（2）Application Server：两台（或更多）具有双核心 core i 系列处理器，配以 4 GB（或以上）内存、100 GB（或以上）存储空间的服务器。为保证系统高负荷时正常运作，management 与 database 分别运行在不同的服务器上，因此需要至少两台服务器。初期在用户数量不太多的情况下，服务器配置不需要过高，一般计算机性能即可满足。

（3）网络：30 Mbps 的互联网络。由于控制存储分开，需要在服务器之间进行大量的数据交换，因此需要较大的带宽。

12.3.1.4.7　边界条件设计

通过定义启动、关闭用例来考虑边界条件。

1）启动服务器 StartServer（见图 12-55）

（1）用户在服务器上点击应用程序图标。

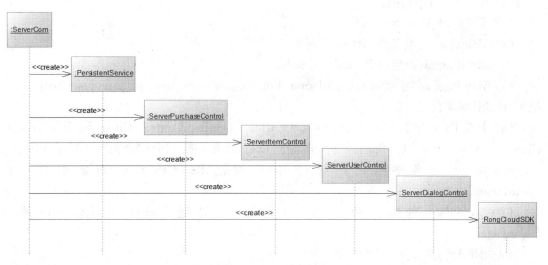

图 12-55　启动服务器用例实现

（2）启动 ServerCom 对象。

（3）启动持久服务 PersistentService 对象。

（4）依次启动 ServerPurchaseControl、ServerItemControl、ServerUserControl、ServerDialogControl 对象，同时把 ServerCom 对象、PersistentService 对象的引用传给这些对象。

（5）启动 RongCloudSDK。

2）关闭服务器 StopServer（见图 12-56）

（1）用户点击应用的关闭按钮。

（2）系统删除 RongCloudSDK、ServerDialogControl、ServerUserControl、ServerItemControl、ServerPurchaseControl 对象。

（3）系统断开与数据库连接，删除 PersistentService 对象。

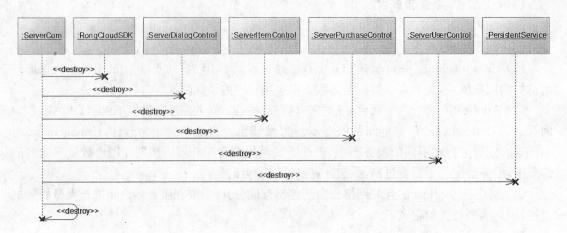

图 12-56 关闭服务器用例实现

（4）系统删除 ServerCom 对象。

3）启动 App 用例（见图 12-57）

（1）用户点击 App 图标。

（2）系统启动 MainPage 对象。

（3）MainPage 对象启动 HttpUtil 对象。

（4）MainPage 对象启动 RongCloudSDK。

（5）MainPage 对象启动 DialogAdapter、PurchaseAdapter、ItemAdapter、UserAdapter，并把 HttpUtil 对象传给它们。

（6）MainPage 对象启动 ClientDialogControl、ClientItemControl、ClientUserInfoControl、ClientPurchaseControl 对象，并分别把 DialogAdapter、ItemAdapter、UserAdapter、PurchaseAdapter 对象的引用传给它们，同时把 RongCloudSDK 对象引用传给 ClientDialogControl。

（7）MainPage 对象启动 LoginPage 对象，同时把 ClientUserInfoControl 传给 LoginPage。

4）关闭 App（见图 12-58）

（1）通过手机关闭 App。

（2）依次关闭各个 ClientControl 对象。

（3）依次关闭各个 Adapter 对象。

（4）关闭 RongCloudSDK 对象、HttpUtil 对象。

（5）关闭 MainPage 对象。

5）异常情况

（1）系统在出现异常情况下，重启 App 或者 Server 即可以。

（2）数据库本身靠事务特性维持其正确性。

12.3.1.4.8　数据管理设计

由于本系统带有大量的用户、订单以及商品信息，基于文件的系统无法适应，因此，我们选择使用关系数据库存储信息。

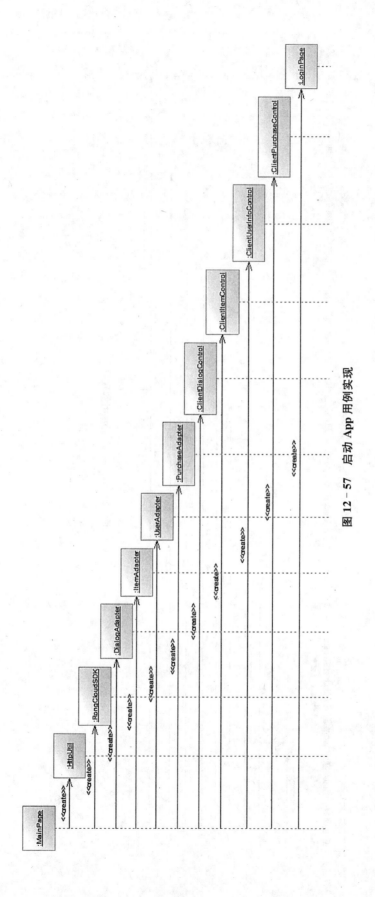

图 12 - 57 启动 App 用例实现

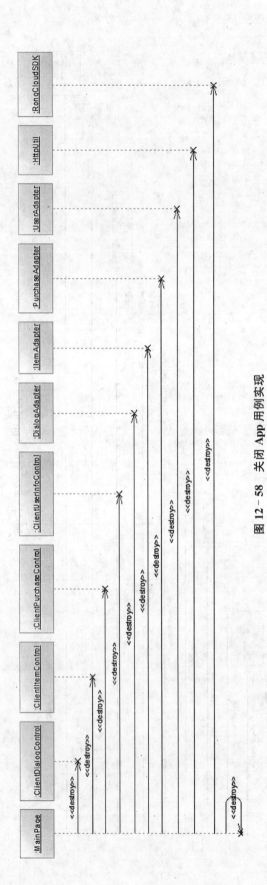

图 12 - 58 关闭 App 用例实现

1) 用户信息表 UserInfo(见表 12 - 11)

表 12 - 11　用户信息表 UserInfo

序号	字　　段	说　　明	数据类型	允许为空	主键	单位	备　注
1	userID	用户 ID	int	N	Y		
2	userName	用户名	String	N	N		
3	password	用户密码	String	N	N		
4	phoneNumber	用户电话	String	N	N		
5	mail	用户邮箱	String	N	N		

2) 物品信息表 UserInfo(见表 12 - 12)

表 12 - 12　物品信息表 UserInfo

序号	字　　段	说　　明	数据类型	允许为空	主键	单位	备注
1	itemID	物品 ID	int	N	Y		
2	itemName	物品名	String	N	N		
3	description	物品描述	String	N	N		
4	price	物品价格	int	N	N	元	
5	Image	物品图像	Image	Y	N		
6	itemTypeID	物品类型 ID	int	N	N		
7	sellerID	发布者 ID	int	N	N		
8	status	状态	String	N	N		

3) 订单信息表 Order(见表 12 - 13)

表 12 - 13　订单信息表 Order

序号	字　　段	说　　明	数据类型	允许为空	主键	单位	备注
1	orderID	订单 ID	int	N	Y		
2	itemID	物品 ID	int	N	N		
3	sellerID	销售者 ID	int	N	N		
4	buyerID	购买者 ID	int	N	N		
5	dealPlace	交易地点	String	Y	N		
6	dealDate	交易日期	Time	N	N		
7	contactPhone	购买者联系电话	String	N	N		
8	status	状态	int	N	N		

4) 物品类别表 ItemType(见表 12-14)

表 12-14　物品类别表 ItemType

序号	字　段	说　明	数据类型	允许为空	主键	单位	备注
1	typeID	类别 ID	int	N	Y		
2	typeName	类别名	String	N	N		
3	description	描述	String	N	N		

5) 收藏物品列表 FavoredList(见表 12-15)

表 12-15　收藏物品列表 FavoredList

序号	字　段	说　明	数据类型	允许为空	主键	单位	备注
1	userID	用户 ID	int	N	Y		
2	itemID	商品 ID	int	N	Y		

6) 对话信息表(见表 12-16)

表 12-16　对话信息表

序号	字　段	说　明	数据类型	允许为空	主键	单位	备注
1	dialogID	对话 ID	int	N	Y		
2	buyerID	买方 ID	int	N	N		
3	sellerID	卖方 ID	int	N	N		
4	startTime	开始时间	time	N	N		
5	endTime	结束时间	time	Y	N		

7) 对话内容表(见表 12-17)

表 12-17　对话内容表

序号	字　段	说　明	数据类型	允许为空	主键	单位	备注
1	messageID	消息 ID	int	N	Y		
2	dialogID	对话 ID	int	N	N		
3	message	消息内容	String	N	N		
4	senderID	发送者 ID	int	N	N		
5	receiverID	接收者 ID	int	N	N		
6	sendTime	发送时间	time	N	N		

实体类设计类图如图 12-59 所示。

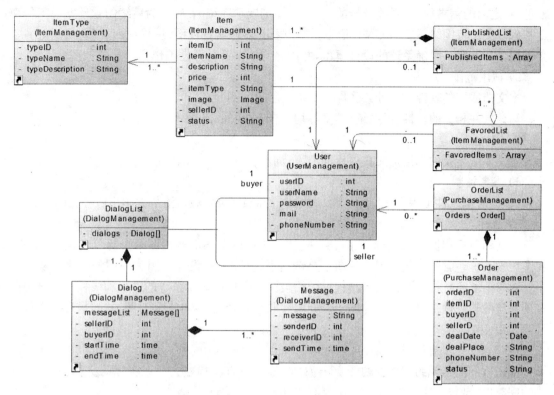

图 12-59 实体类设计类图

12.3.1.4.9 其他设计

（1）访问控制和安全设计（见表 12-18）。登录用户在使用他们的权限之前需要先提供用户名和登录密码，经检查是匹配的才通过认证。

表 12-18 访问控制和安全设计

	User Information	Item	Dialog	Order
登录用户	修改信息	搜索商品 查看商品 收藏商品 发布商品 修改已发布 删除已发布	查看对话 发起对话	下订单 确认订单 取消订单

（2）可靠性设计。为了提高系统的可靠性，我们考虑采取冗余与备份的方案。设置备用服务器，在主服务器发生故障时将系统运行切换至备用服务器上；数据库冗余并备份，防止数据的丢失与意外更改。

12.3.2 软件设计模型

12.3.2.1 引言

1）编写目的

本软件设计模型文档的编写目的是将二手商品交易平台软件的各种设计模型进行绘制和

整理,在之前的需求规约、系统分析的基础上,详细展示系统的结构,为后续的软件实现工作奠定基础。文档将围绕系统用 UML 语言,构造逻辑视图、实现视图、进程视图、部署视图等。本文档用于开发团队明确系统的设计模型,并以之为依据进行开发工作。

2) 适用范围

本文档适用的软件:校园二手商品交易平台。

与该软件相关的特性、子系统、模型等均符合本文档中的内容。

3) 定义

本文件中涉及的术语定义在项目词汇表(词汇表.docx)中给出。

4) 参考资料

《面向对象软件工程——使用 UML、模式与 Java》(第 3 版),清华大学出版社,2011。

5) 概述

本文档包括用例视图、逻辑视图、实现视图、进程视图和部署视图 5 个部分的模型。用例视图展现系统包含的用例。逻辑视图主要包括系统架构图、设计类图和用例的实现。实现视图针对每个子系统构建组件图。进程视图用类图和组件图表示系统的进程和线程。部署视图展现系统的软硬件部署。本文件的各部分内容联系紧密,互为补充和对照,共同呈现本软件的设计模型。

12.3.2.2 用例视图

插入软件需求规约文档中的图 12-7。此处为节省篇幅略去。在实际的文档中,为了文档的完整性、自包含性,将把图 12-7 复制在此处。

12.3.2.3 逻辑视图

1) 系统结构

系统架构包图如图 12-60 所示。整个系统分为 6 个子系统,分别是用户接口子系统、用户管理子系统、物品管理子系统、购买管理子系统、通信交流子系统以及公共服务子系统。

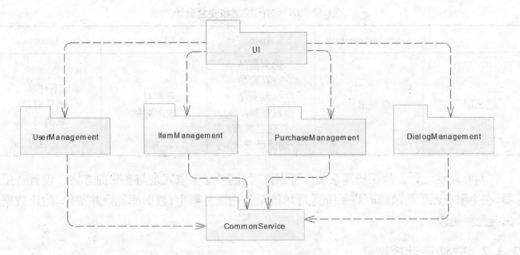

图 12-60 系统架构图

每个子系统的包图如下:

(1) 用户接口包的类图(见图 12-61)。

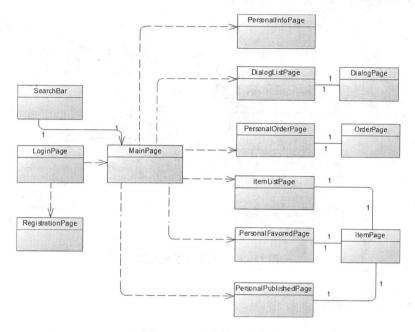

图 12 - 61 用户接口包类图

（2）用户管理包的类图（见图 12 - 62）。

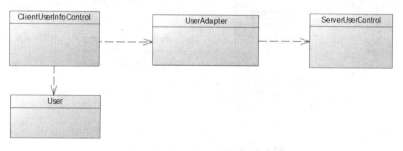

图 12 - 62 用户管理包类图

（3）物品管理包的类图（见图 12 - 63）。

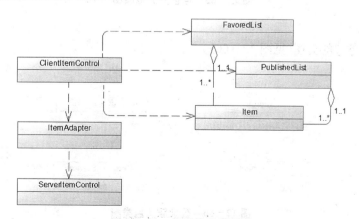

图 12 - 63 物品管理包类图

(4) 购买管理包的类图(见图 12 - 64)。

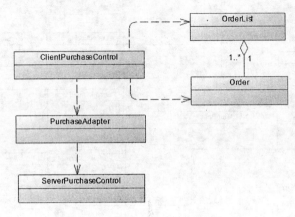

图 12 - 64 购买管理包类图

(5) 通信交流包的类图(见图 12 - 65)。

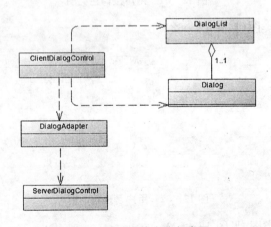

图 12 - 65 通信交流包类图

(6) 公共服务包的类图(见图 12 - 66)。

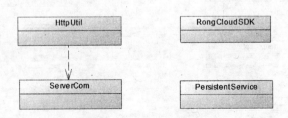

图 12 - 66 公共服务包类图

2) Use-Case 实现

(1) <Register>实现(见图 12 - 67)。

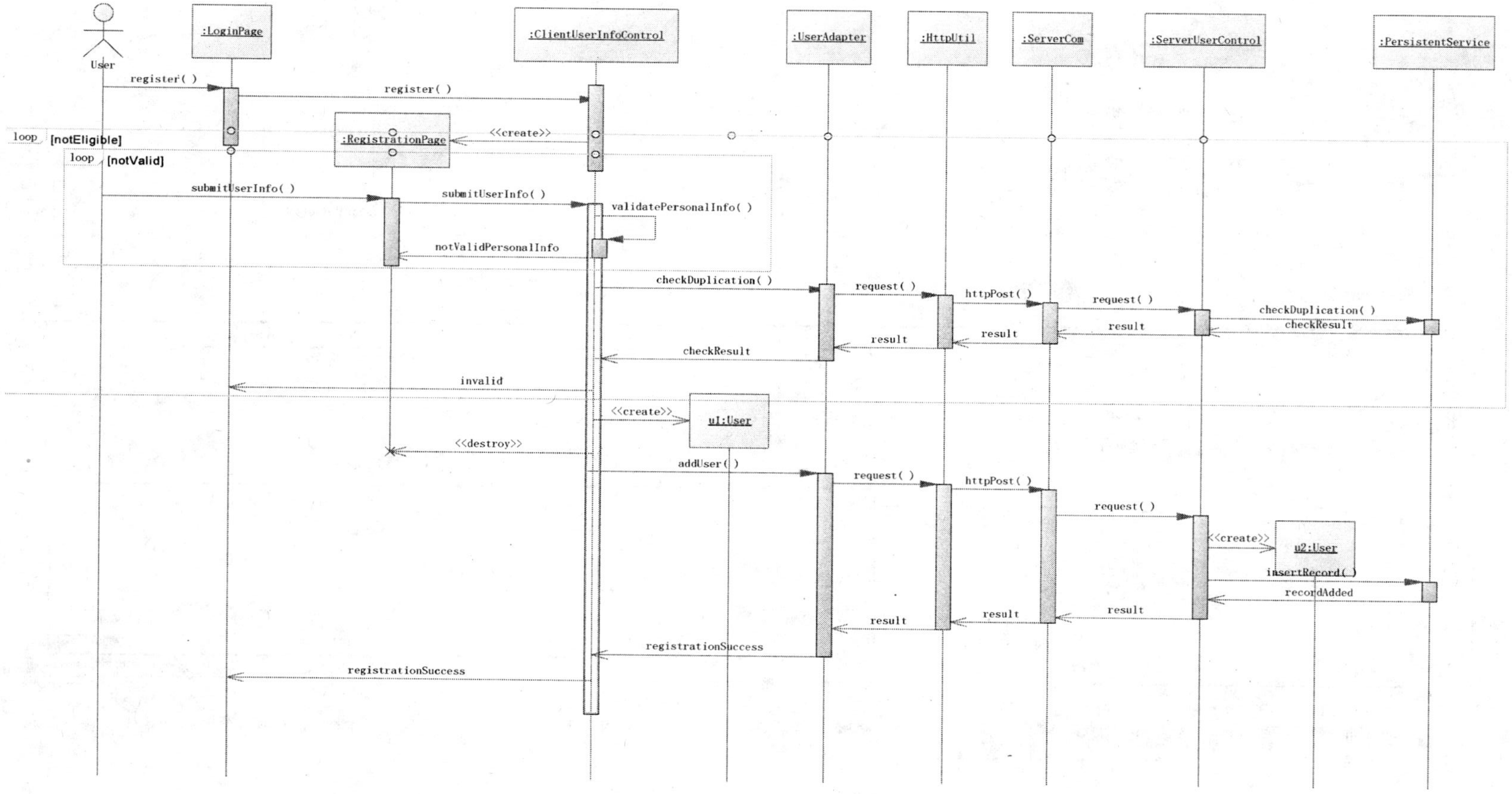

图 12 - 67　Register 用例的实现

(2) <Login>实现(见图 12 - 68)。

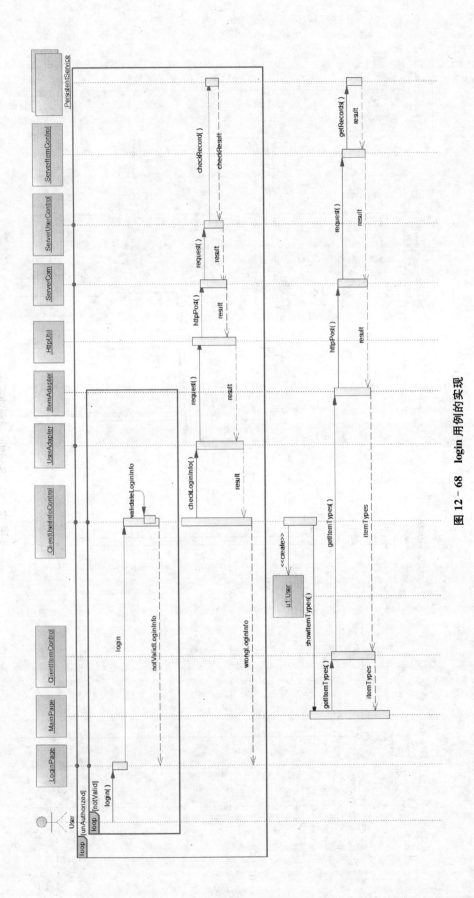

图 12 - 68　login 用例的实现

（3）＜ManagePersonalInformation＞实现（见图 12 – 69）。

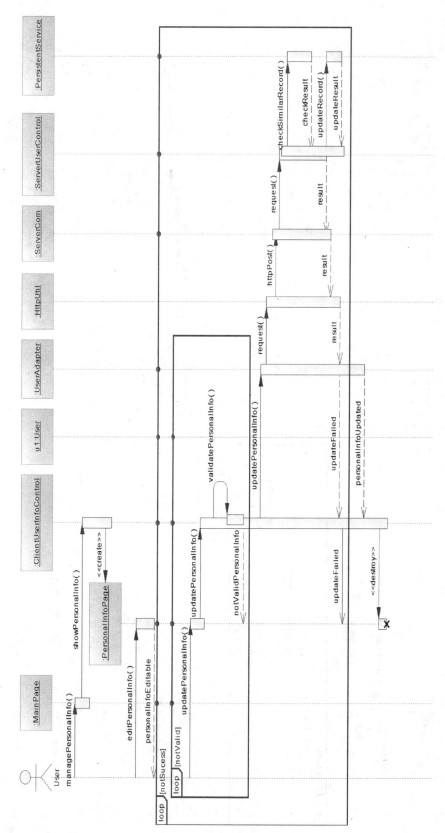

图 12 – 69　ManagePersonalInformation 用例的实现

(4) <PublishItem>实现(见图 12 - 70)。

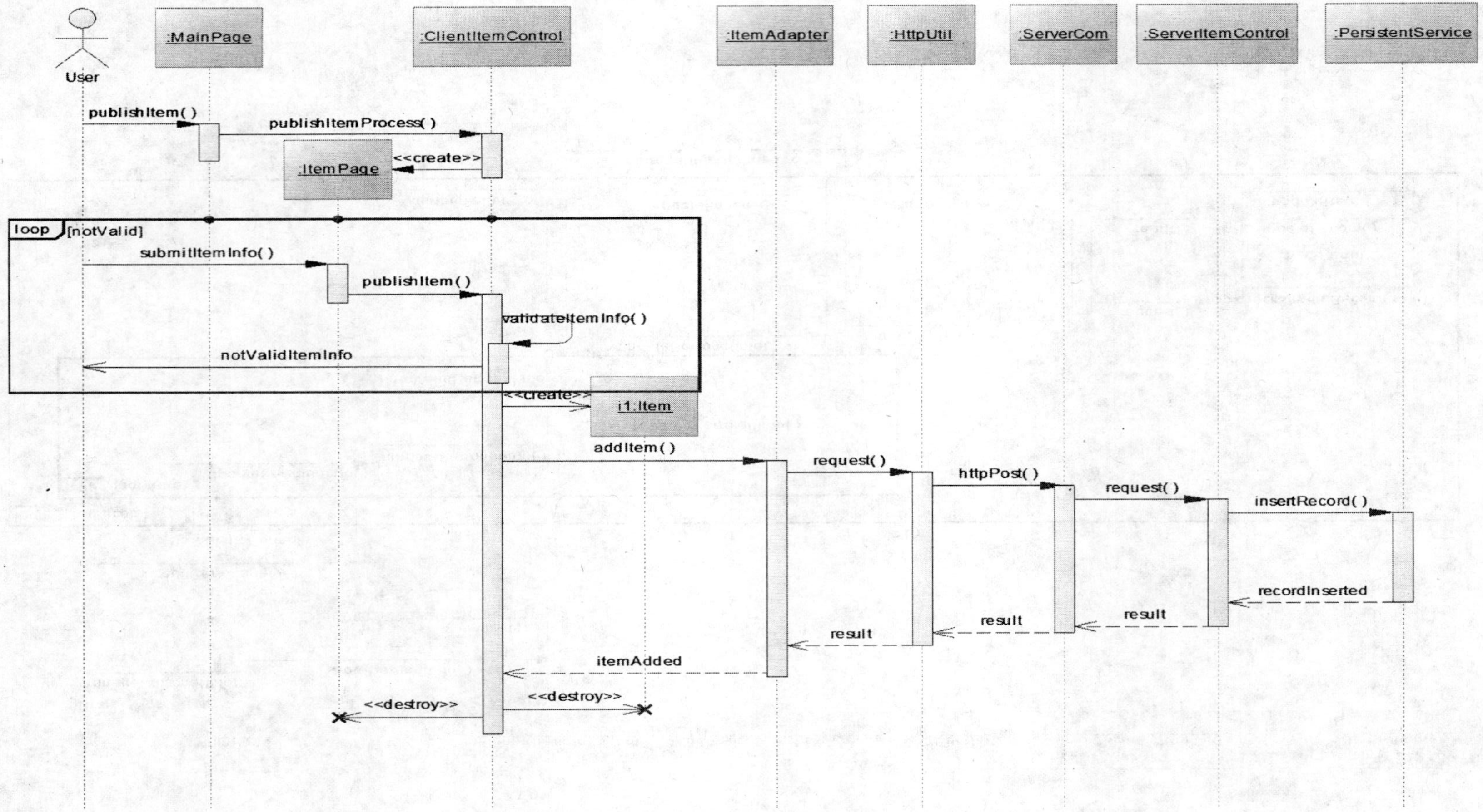

图 12 - 70 PublishItem 用例的实现

（5）＜CheckPublishedItem＞实现（见图 12 - 71）。

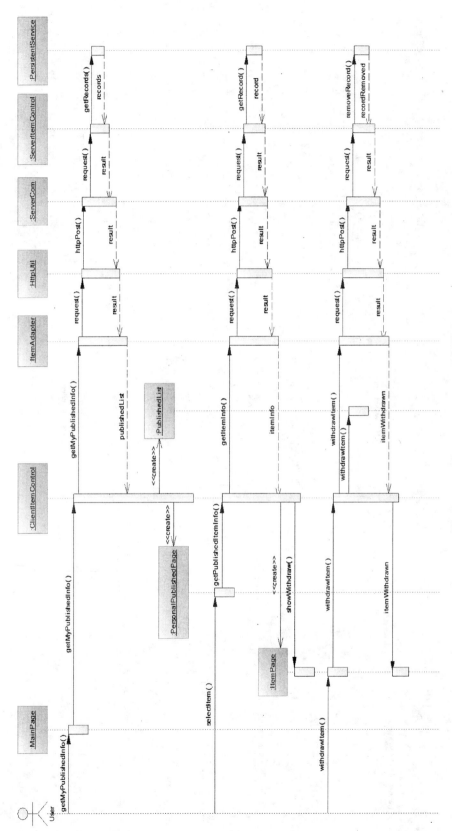

图 12 - 71　CheckPublishedItem 用例的实现

(6) <CheckFavoredItem>实现(见图 12 – 72)。

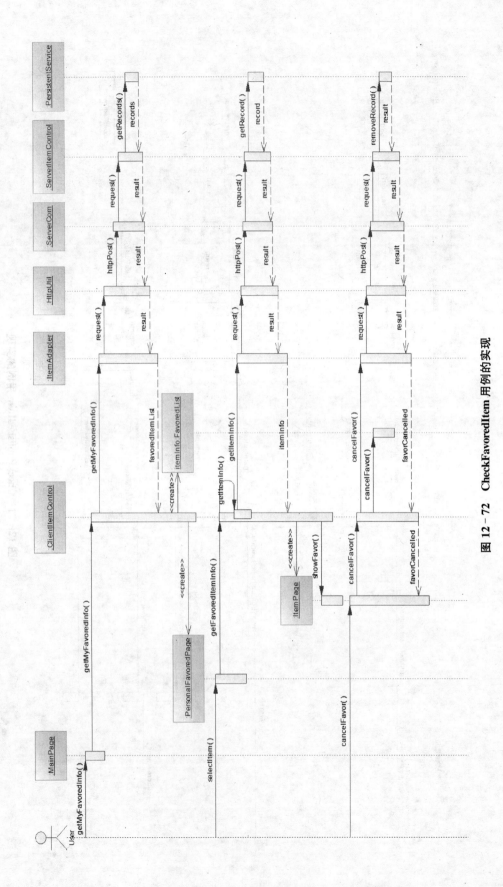

图 12 – 72 CheckFavoredItem 用例的实现

(7) ＜CheckOrder＞实现（见图 12 - 73）。

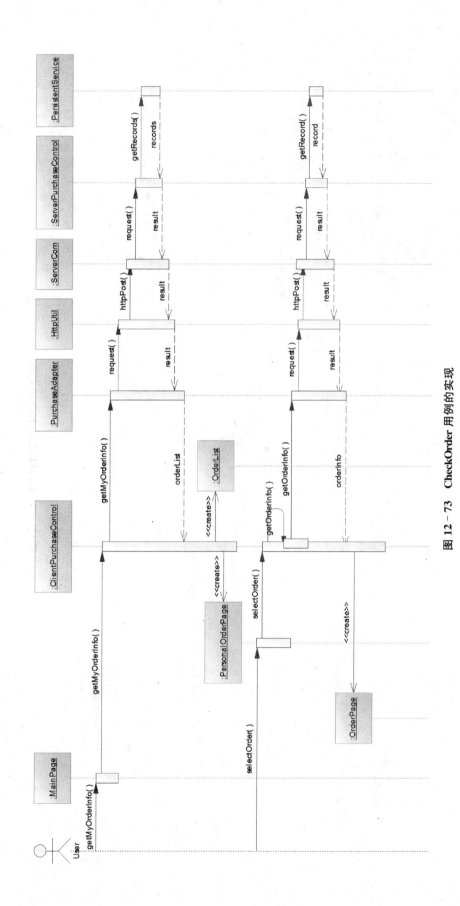

图 12 - 73 CheckOrder 用例的实现

(8) ＜CheckDialogs＞实现（见图 12 - 74）。

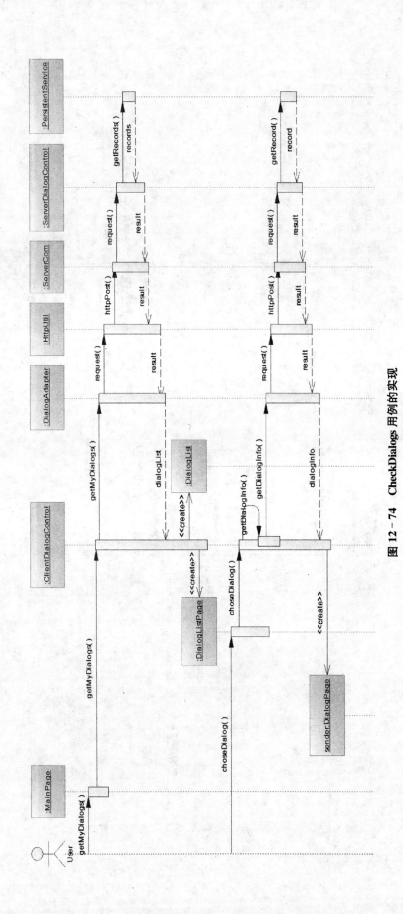

图 12 - 74 CheckDialogs 用例的实现

194

（9）＜Communicate＞实现（见图 12 - 75）。

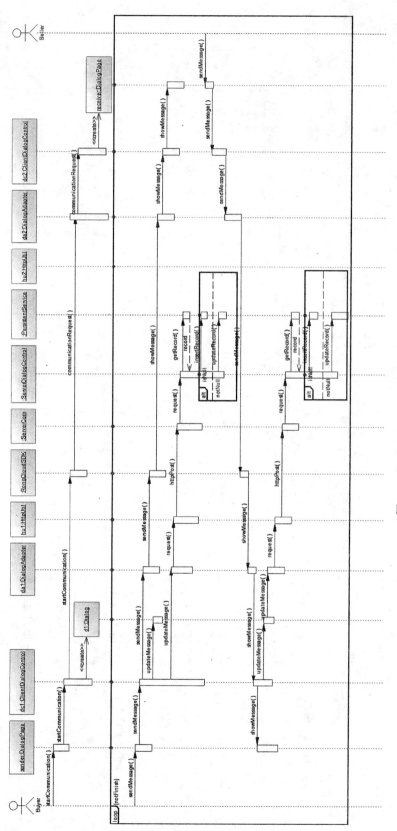

图 12 - 75　Communicate 用例的实现

(10) ＜BrowseItems＞实现（见图 12 − 76）。

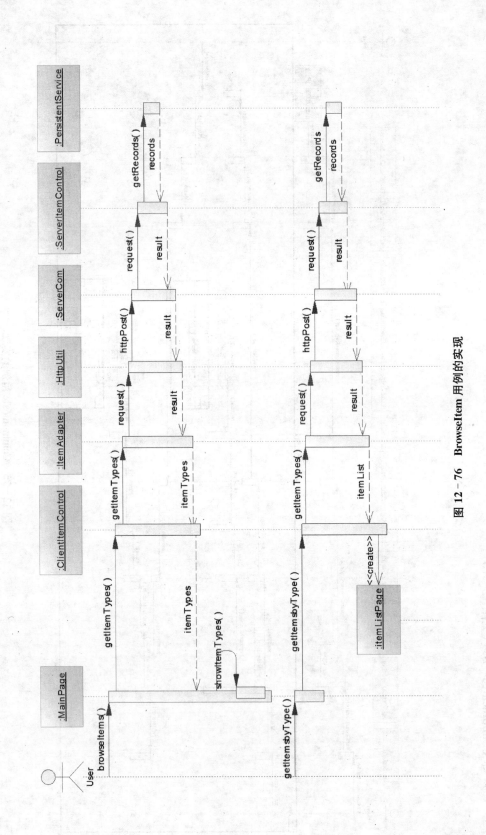

图 12 − 76　BrowseItem 用例的实现

(11) ＜SearchItem＞实现（见图 12 - 77）。

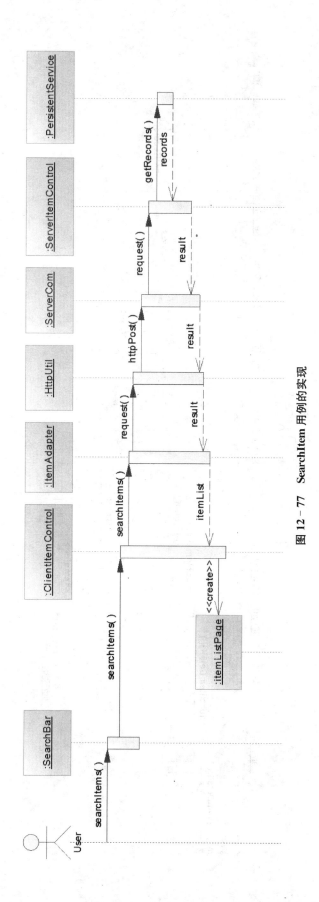

图 12 - 77 SearchItem 用例的实现

(12) <ReadItemDetails>实现（见图 12 - 78）。

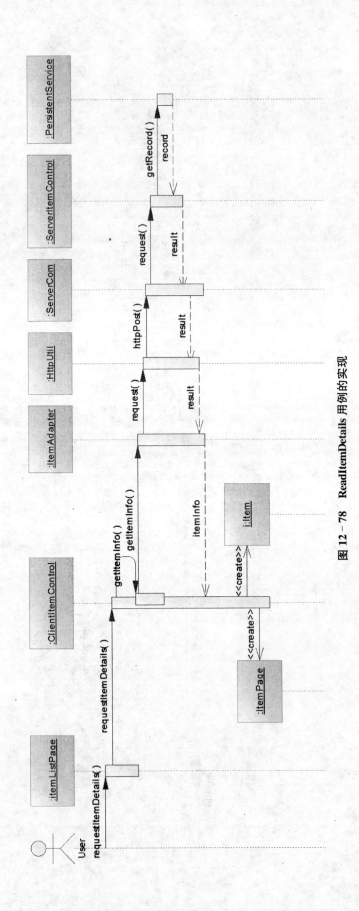

图 12 - 78 **ReadItemDetails 用例的实现**

(13) <FavorItem>实现（见图 12 – 79）。

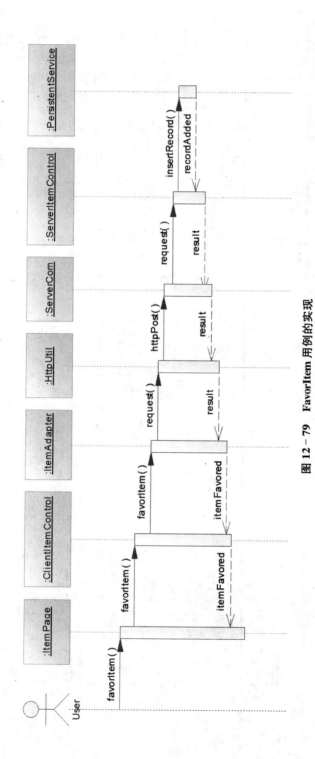

图 12 – 79 FavorItem 用例的实现

(14) ＜PurchaseItem＞实现(见图 12 - 80)。

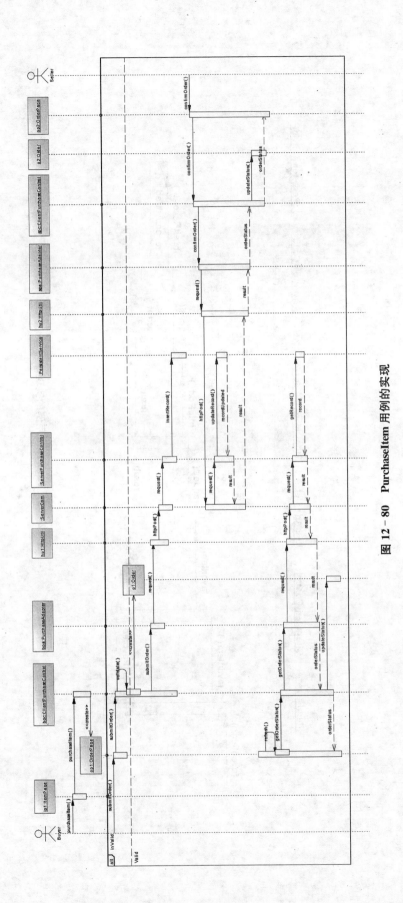

图 12 - 80 PurchaseItem 用例的实现

(15) ＜CloseDeal＞实现（见图 12 - 81）。

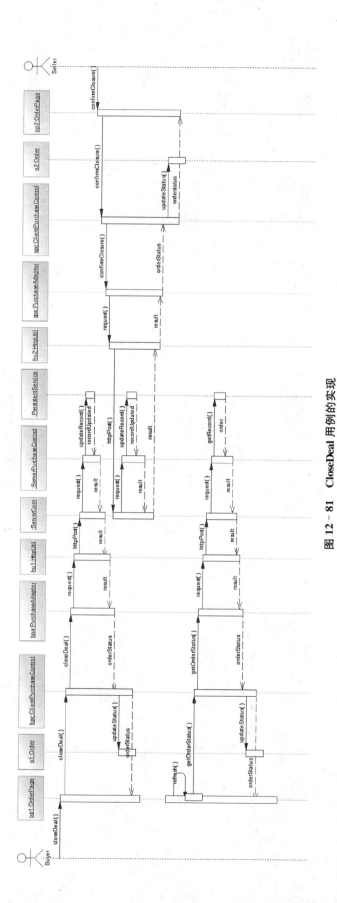

图 12 - 81 CloseDeal 用例的实现

(16) ＜CancelOrder＞实现（见图 12 - 82）。

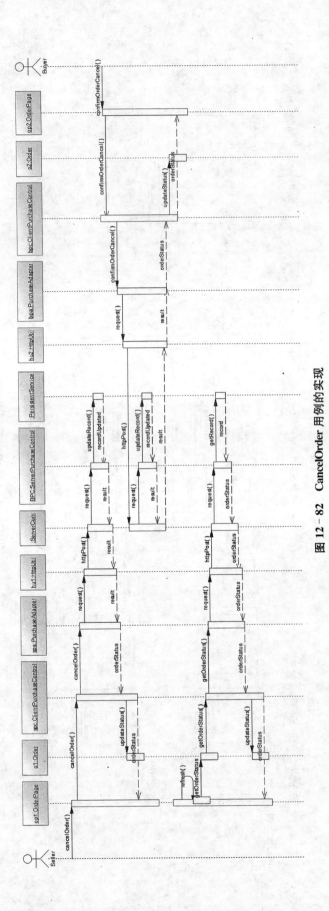

图 12 - 82 CancelOrder 用例的实现

202

3) 设计类图

由于类比较多,因此按照包列出其对应的类图。

(1) 用户接口子系统(见图 12-83)。

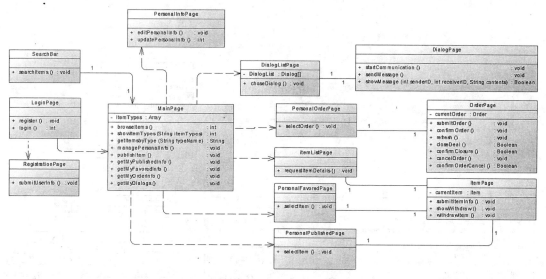

图 12-83 用户接口子系统设计类图

(2) 用户管理子系统(见图 12-84)。

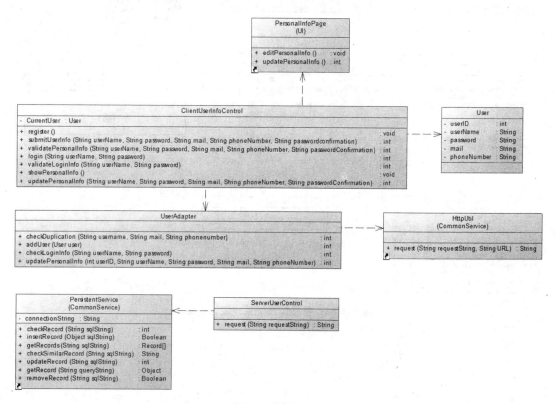

图 12-84 用户管理子系统设计类图

(3) 物品管理子系统(见图 12 - 85)。

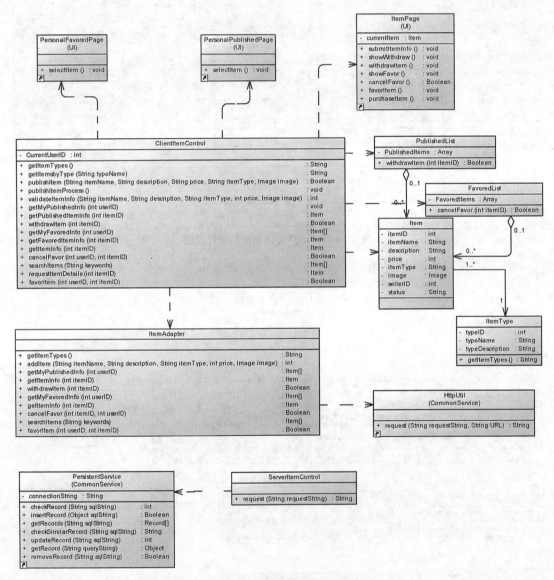

图 12 - 85　物品管理子系统设计类图

(4) 购买管理子系统(见图 12-86)。

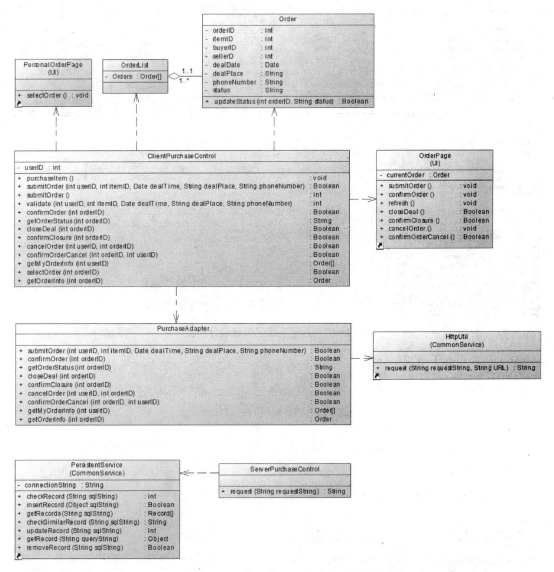

图 12-86 购买管理子系统设计类图

(5) 通信交流子系统(见图 12 - 87)。

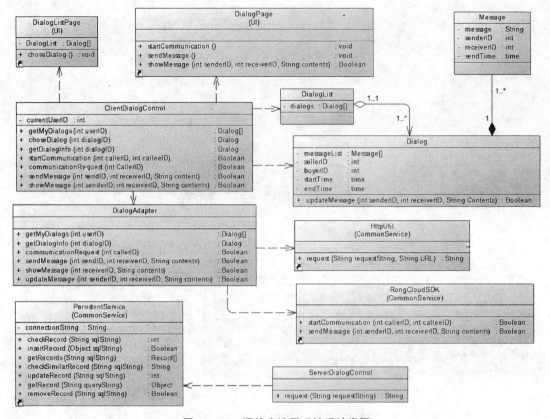

图 12 - 87　通信交流子系统设计类图

(6) 公共服务子系统(见图 12 - 88)。

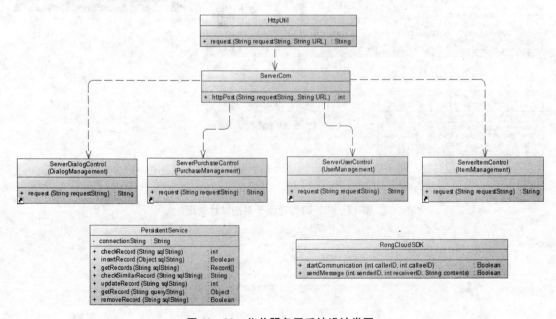

图 12 - 88　公共服务子系统设计类图

4）其他图

插入软件需求规约文档中的图12‐42和图12‐43。此处为节省篇幅略去。在实际的文档中，为了文档的完整性、自包含性，需要将把图12‐42和图12‐43复制在此处。

12.3.2.4　实现视图

1）开发模型构成

（1）用户接口子系统（见图12‐89）。

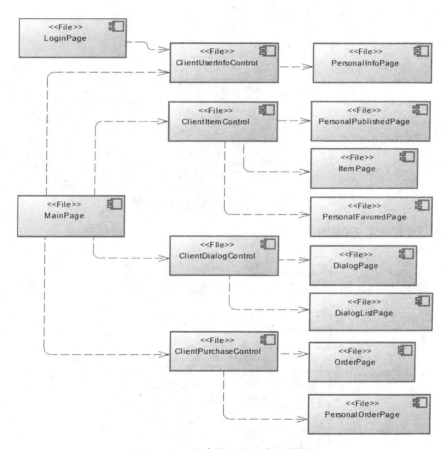

图 12‐89　用户接口子系统开发模型

（2）用户管理子系统（见图 12 - 90）。

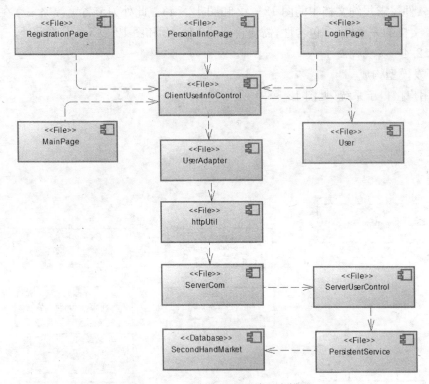

图 12 - 90　用户管理子系统开发模型

（3）物品管理子系统（见图 12 - 91）。

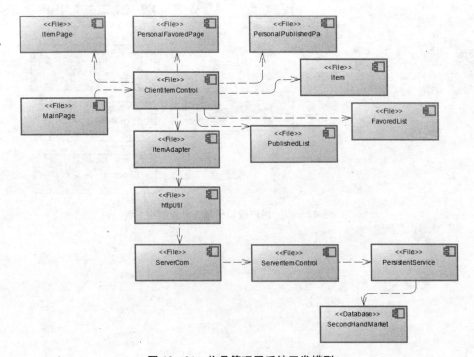

图 12 - 91　物品管理子系统开发模型

（4）购买管理子系统（见图 12-92）。

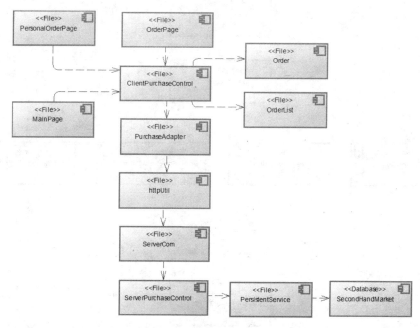

图 12-92 购买管理子系统开发模型

（5）通信交流子系统（见图 12-93）。

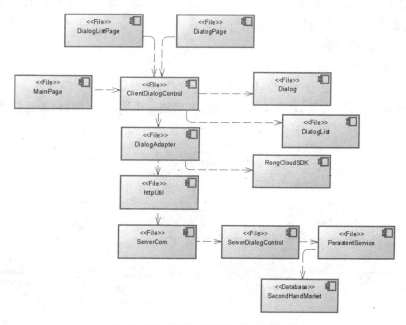

图 12-93 通信交流子系统开发模型

(6) 公共服务子系统(见图12-94)。

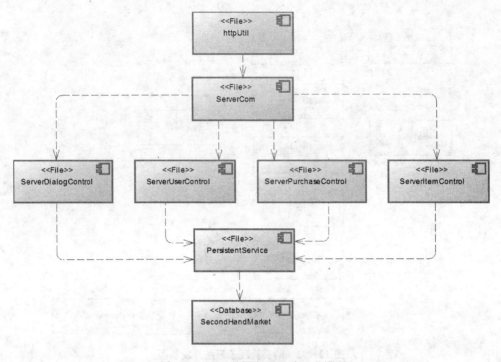

图12-94 公共服务子系统开发模型

2) 编译后系统

本系统中每一个.java文件将编译生成对应的.class文件。因此,编译后组件图与开发视图一致,因而图12-89到图12-94略去。在实际开发中,经常多个文件编译后生成一个文件,需要针对编译后生成的组件重新画组件图。

12.3.2.5　进程视图

1) 客户端进程视图(见图12-95)

在Client端,为了保证用户体验,UI线程只负责边界对象与用户的交互。同时对每一个控制器单独启动一个线程。同时对于通信模块,也启动一个线程。这样的设计能够保证前台、

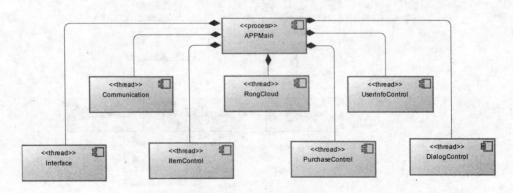

图12-95 客户端进程视图

功能实现、通信不会阻塞应用的运行。

2）服务端进程视图（见图 12-96）

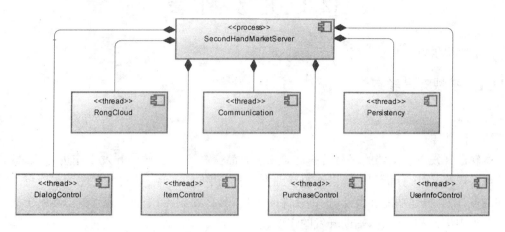

图 12-96　服务端进程视图

服务端进程设计中，对于通信部分，将依据请求的并发性，进行多线程的管理，以响应每个客户的请求。同时，各个控制对象也有自己单独的线程。对于持久服务，我们也将采用多线程机制保证其响应性。

12.3.2.6　部署视图

本系统是一个移动应用系统。因此客户端是手机上运行的 App，后台提供服务器，同时通过数据库服务器进行数据存取（见图 12-97）。

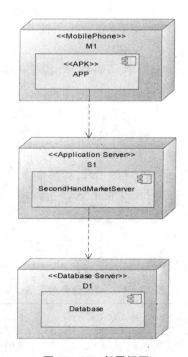

图 12-97　部署视图

12.4 开 发 阶 段

该阶段提供模块开发卷宗。

12.4.1 模块开发卷宗

12.4.1.1 引言

1) 编写目的

本软件开发卷宗文档的编写目的是对二手商品交易平台软件的开发工作进行记录,在之前的需求规约、系统分析和系统设计的基础上,完成软件的实现、测试和交付。文档将展示项目的开发计划,描述功能和设计,提供软件的源代码,并给出测试和结论。本文档用于开发团队在开发中记录相关信息,辅助开发的实现。

2) 适用范围

本文档适用的软件:校园二手商品交易平台。

与该软件相关的特性、子系统、模型、代码等均符合本文档中的内容。

3) 定义

本文件中涉及的术语定义在项目词汇表(词汇表.docx)中给出。

4) 参考资料

(1)《面向对象软件工程——使用 UML、模式与 Java》(第 3 版),清华大学出版社,2011。

(2)《疯狂 Android 讲义》(第 3 版),电子工业出版社,2015。

5) 概述

本文档包括引言、开发计划、功能描述、设计描述、源代码清单、测试描述和审查结论 7 部分。开发计划部分列出人员分工、项目进展的计划和进度。功能描述部分通过用例和顺序图展现本系统所具有的功能。设计描述部分展示系统各组件和外界的交互以及系统的设计类。源代码清单将具体地介绍系统的源代码构成及各文件承担的功能。测试描述部分将给出测试系统的数据及结果。最后,在审查结论部分,将对开发软件的功能、代码等做全面的评估和总结。本文件的各部分内容联系紧密,按照整个项目开展的流程进行展开,回顾了之前的工作,重点展示了系统实现的相关信息。各部分互为补充和对照,共同呈现本软件的开发过程和结果。

12.4.1.2 开发计划

(1) 参与人员与承担的任务(见表 12 - 19)。

表 12 - 19 项目任务分工表

项 目 任 务	负 责 人	参 加 人 员
需求获取	雷同学	姚同学、徐同学、苏同学、田同学
编写用例	姚同学	雷同学、徐同学、苏同学、田同学

项 目 任 务	负 责 人	参 加 人 员
分析	雷同学	姚同学、徐同学、苏同学、田同学
系统设计	田同学	姚同学、徐同学、苏同学、雷同学
模块设计	雷同学	田同学
外部接口设计	苏同学	雷同学、田同学
模块实现	徐同学	苏同学、姚同学、雷同学、田同学
模块测试	苏同学	田同学
系统集成	田同学	徐同学、雷同学
系统测试	徐同学	田同学、雷同学
系统部署	田同学	徐同学
用户使用手册	姚同学	
系统规格说明	姚同学	
系统部署说明	田同学	
系统维护	姚同学	

（2）开发前原始计划（见表 12 - 20 和表 12 - 21）。

表 12 - 20　原始计划分工表

项 目 任 务	负 责 人	参 加 人 员
需求获取	雷同学	姚同学
编写用例	姚同学	苏同学
分析	雷同学	徐同学
系统设计	田同学	苏同学
模块设计	雷同学	田同学
外部接口设计	苏同学	
模块实现	徐同学	苏同学、姚同学
模块测试	苏同学	田同学
系统集成	徐同学	
系统测试	徐同学	
系统部署	田同学	徐同学
用户使用手册	姚同学	

项目任务	负责人	参加人员
系统规格说明	姚同学	
系统部署说明	田同学	
系统维护	姚同学	

表 12‑21 项目计划时间表

里程碑事件	预定日期
需求定义文档完成	2016‑04‑06
软件架构设计文档完成	2016‑04‑20
模块开发完成	2016‑05‑05
系统集成完成	2016‑05‑14
系统测试	2016‑05‑20
系统部署	2016‑05‑28
项目全部结束	2016‑06‑01

(3) 实际进度(见表 12‑22)。

表 12‑22 项目实际进度时间表

里程碑事件	预定日期
需求定义文档完成	2016‑04‑05
软件架构设计文档完成	2016‑05‑04
模块开发完成	2016‑05‑20
系统集成完成	2016‑05‑24
系统测试	2016‑05‑28
系统部署	2016‑05‑30
项目全部结束	2016‑06‑01

项目开发过程中的关键路径如图 12‑98 所示。

12.4.1.3 功能描述

本节内容摘录自软件需求规约文档的 12.2.2.3.4 节的用例模型部分,包括用例图。实际文档中需要把内容复制过来。此处省略。

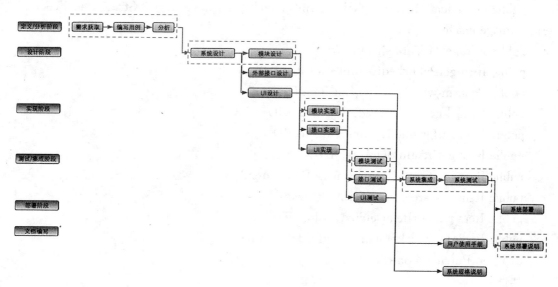

图 12 - 98　项目关键路径图

12.4.1.4　设计描述

12.4.1.4.1　组件说明

以下列出了每一个组件的主要属性和方法。一些获取、修改信息的方法省略,同时构造方法和析构方法也省略。

1) ClientDialogControl. java

属性:

private int currentUserID

方法:

public Dialog[] getMyDialogs(int userID)

public Dialog choseDialog(int dialogID)

public Dialog getDialogInfo(int dialogID)

public Boolean startCommunication(int callerID, int calleeID)

public Boolean communicationRequest(int callerID)

public Boolean sendMessage(int sendID, int receiverID, String contents)

public Boolean showMessage(int senderID, int receiverID, String contents)

2) ClientItemControl. java

属性:

private int currentUserID

方法:

public String getItemTypes()

public String getItemsbyType(String typeName)

public Boolean publishItem(String itemName, String description, String price, String itemType, Image image)

public void publishItemProcess()

public int validateItemInfo(String itemName, String description, String itemType, int price, Image image)

public void getMyPublishedInfo(int userID)

public Item getPublishedItemInfo(int itemID)

public Boolean withdrawItem(int itemID)

public Item[] getMyFavoredInfo(int userID)

public Item getFavoredItemInfo(int itemID)

public Item getItemInfo(int itemID)

public Boolean cancelFavor(int userID, int itemID)

public Item[] searchItems(String keywords)

public Item requestItemDetails(int itemID)

public Boolean favorItem(int userID, int itemID)

3) ClientPurchaseControl. java

属性：

private int userID

方法：

public void purchaseItem()

public Boolean submitOrder(int userID, int itemID, Date dealTime, String dealPlace, String phoneNumber)

public int submitOrder()

public int validate(int userID, int itemID, Date dealTime, String dealPlace, String phoneNumber)

public Boolean confirmOrder(int orderID)

public String getOrderStatus(int orderID)

public Boolean closeDeal(int orderID)

public Boolean confirmClosure(int orderID)

public Boolean cancelOrder(int userID, int orderID)

public Boolean confirmOrderCancel(int orderID, int userID)

public Order[] getMyOrderInfo(int userID)

public Boolean selectOrder(int orderID)

public Order getOrderInfo(int orderID)

4) ClientUserInfoControl. java

属性：

private User currentUser

方法：

public void register()

public int submitUserInfo (String userName, String password, String mail, String phoneNumber, String passwordConfirmation)

public int validatePersonalInfo(String userName, String password, String mail, String phoneNumber，String passwordConfirmation)

    public int login(String userName，String password)

    public int validateLoginInfo(String userName，String password)

    public void showPersonalInfo()

    public int updatePersonalInfo(String userName，String password，String mail，String phoneNumber，String passwordConfirmation)

    5) Dialog. java

属性：

private Message[] messageList

方法：

private int sellerID

private int buyerID

private time startTime

private time endTime

public Boolean updateMessage(int senderID，int receiverID，String contents)

内部类：

Message

属性：

private String message

private int senderID

private int receiverID

private time sendTime

    6) DialogAdapter. java

属性：

方法：

public Dialog[] getMyDialogs(int userID)

public Dialog getDialogInfo(int dialogID)

public Boolean communicationRequest(int callerID)

public Boolean sendMessage(int sendID，int receiverID，String contents)

public Boolean showMessage(int receiverID，String contents)

public Boolean updateMessage(int senderID，int receiverID，String contents)

    7) DialogList. java

属性：

方法：

private Dialog[] dialogs

    8) DialogListPage. java

属性：

private Dialog[] dialogList

方法：

public void choseDialog()

9) DialogPage. java

属性：

方法：

public void startCommunication()

public void sendMessage()

public Boolean showMessage(int senderID, int receiverID, String contents)

10) FavoredList. java

属性：

privateItem[] favoredItems

public User user

方法：

public Boolean cancelFavor(int itemID)

11) HttpUtil. java

属性：

方法：

public String request(String requestString, String url)

12) Item. java

属性：

private int itemID

private String itemName

private String description

private int price

private String itemType

private Image image

private int sellerID

private String status

13) ItemAdapter. java

属性：

方法：

public String getItemTypes()

public int addItem(String itemName, String description, String itemType, int price, Image image)

public Item[] getMyPublishedInfo(int userID)

public Item getItemInfo(int itemID)

public Boolean withdrawItem(int itemID)

public Item[] getMyFavoredInfo(int userID)

public Item getItemInfo(int itemID)

public Boolean cancelFavor(int itemID, int userID)

public Item[] searchItems(String keywords)

public Boolean favorItem(int userID，int itemID)

14）ItemListPage. java

属性：

方法：

public void requestItemDetails()

15）ItemPage. java

属性：

方法：

private Item currentItem

public void submitItemInfo()

public void showWithdraw()

public void withdrawItem()

public void showFavor()

public Boolean cancelFavor()

public void favorItem()

public void purchaseItem()

16）ItemType. java

属性：

方法：

private int typeID

private String typeName

private String typeDescription

public String getItemTypes()

17）LoginPage. java

属性：

方法：

public void register()

public int login()

18）MainPage. java

属性：private itemType[] itemTypes；//保存商品类型。

构造方法：MainPage 对象构造时，需要 MainPage 对象启动 HttpUtil 对象；启动 RongCloudSDK；启动 DialogAdapter、PurchaseAdapter、ItemAdapter、UserAdapter，并把 HttpUtil 对象传给它们；启动 ClientDialogControl、ClientItemControl、ClientUserInfoControl、ClientPurchaseControl 对象，并分别把 DialogAdapter、ItemAdapter、UserAdapter、PurchaseAdapter 对象的引用传给它们，同时把 RongCloudSDK 对象引用传给 ClientDialogControl；启动 LoginPage 对象，同时把 ClientUserInfoControl 传给 LoginPage。

析构方法：依次关闭各个 ClientControl 对象；依次关闭各个 Adapter 对象；关闭 RongCloudSDK 对象、HttpUtil 对象。

操作：

public int browseItems()//浏览商品按钮的响应函数

public int showItemTypes（）//显示商品种类，发送 getItemTypes 消息给 ClientItemControl 获取种类信息

public String getItemsbyType(String typeName)//获取某一类商品的信息

public void managePersonalInfo()//管理个人信息按钮响应，发送 ShowPersonalInfo 消息给 ClientUserControl 对象获取用户信息并进行显示

public void publishItem（）//发布商品按钮响应，发送消息 PublishItemProcess 给 ClientItemControl 对象

public void getMyPublishedInfo()//我的发布商品按钮响应，发送 getMyPublishedInfo 消息给 ClientItemControl 对象

public void getMyFavoredInfo（）//我的收藏按钮响应，发送 getMyFavoredInfo 消息给 ClientItemControl 对象

public void getMyOrderInfo（）//我的订单按钮响应，发送 getMyOrderInfo 消息给 ClientPurchaseControl 对象

public void getMyDialogs（）//我的对话按钮响应，发送 GetMyDialogs 消息给 ClientDialogControl

19）Order. java

属性：

private int orderID

private int itemID

private int buyerID

private int sellerID

private Date dealDate

private String dealPlace

private String phoneNumber

private String status

public Boolean updateStatus(int orderID，String status)

20）OrderList. java

属性：

public User user

方法：

private Order[] orders

21）OrderPage. java

属性：

private Order currentOrder

方法：

public void submitOrder()

public void confirmOrder()

public void refresh()

public Boolean closeDeal()

public Boolean confirmClosure()

public void cancelOrder()

public Boolean confirmOrderCancel()

22）PersistentService. java

属性：

private String connectionString

方法：

public int checkRecord(String sqlString)

public Boolean insertRecord(Object sqlString)

public Record[] getRecords(String sqlString)

public String checkSimilarRecord(String sqlString)

public int updateRecord(String sqlString)

public Object getRecord(String queryString)

public Boolean removeRecord(String sqlString)

23）PersonalFavoredPage. java

属性：

方法：

public void selectItem()

24）PersonalInfoPage. java

属性：

方法：

public void editPersonalInfo()

public int updatePersonalInfo()

25）PersonalOrderPage. java

属性：

方法：

public void selectOrder()

26）PersonalPublishedPage. java

属性：

方法：

public void selectItem()

27）PublishedList. java

属性：

privateItem[] publishedItems

28）PurchaseAdapter. java

属性：

方法：

public Boolean submitOrder(int userID, int itemID, Date dealTime, String dealPlace, String phoneNumber)

public Boolean confirmOrder(int orderID)

public String getOrderStatus(int orderID)

public Boolean closeDeal(int orderID)

public Boolean confirmClosure(int orderID)

public Boolean cancelOrder(int userID, int orderID)

public Boolean confirmOrderCancel(int orderID, int userID)

public Order[] getMyOrderInfo(int userID)

public Order getOrderInfo(int orderID)

29) RegistrationPage. java

属性：

方法：

public void submitUserInfo()

30) RongCloudSDK. java

属性：

方法：

public Boolean startCommunication(int callerID, int calleeID)

public Boolean sendMessage(int senderID, int receiverID, String contents)

31) SearchBar. java

属性：

public MainPage mainPage

方法：

public void searchItems()

32) ServerCom. java

属性：

方法：

public int httpPost(String requestString, String url)

33) ServerDialogControl. java

属性：

方法：

public String request(String requestString)

34) ServerItemControl. java

属性：

方法：

public String request(String requestString)

35) ServerPurchaseControl

属性：

方法：

public String request(String requestString)

36）ServerUserControl. java

属性：

方法：

public String request(String requestString)

37）User. java

属性：

private int userID

private String userName

private String password

private String mail

private String phoneNumber

38）UserAdapter. java

属性：

方法：

public int checkDuplication(String username，String mail，String phonenumber)

public int addUser(User user)

public int checkLoginInfo(String userName，String password)

public int updatePersonalInfo（int userID，String userName，String password，String mail，String phoneNumber)

12.4.1.4.2　系统设计类图

在实际文档中此处需要插入软件设计模型文档中的12.3.2.3节的内容。

12.4.1.5　源代码清单

1）Android 客户端的 Project

客户端的开发基于 Android Studio 和 Eclipse，文件结构如下。

```
Erhuo
    |--- libs              //存储 Android 项目所需的第三方 JAR 包
    |--- bin               //存放生成的目标文件,如 APK 文件
    |--- gen   //保存自动生成的文件,如 R.java 文件
    |--- src               //保存 Java 源文件的目录
    |    |--- com.example.erhuo
    |    |    |--- App.java        //初始化全局变量以及启动 MainPage
    |    |    |--- ClientUserInfoControl.java   //用户管理功能的实现
    |    |    |--- ClientItemControl.java        //商品管理功能的实现
    |    |    |--- ClientDialogControl.java       //通信对话功能的实现
    |    |    |--- ClientPurchaseControl.java   //交易管理功能的实现
    |    |--- com.example.erhuo.entity
    |    |    |--- User.java                    //用户信息实体类
    |    |    |--- Item.java                    //商品信息实体类
```

```
|   |       |--- Order.java                    //订单信息实体类
|   |       |--- Dialog.java                   //对话信息实体类
|   |       |--- FavoredList.java              //收藏列表
|   |       |--- PublishededList.java          //发布商品列表
|   |       |--- OrderList.java                //订单列表
|   |       |--- DialogList.java               //对话列表
|   |--- com.example.erhuo.util
|   |       |--- RongCloudSDK.java             //对话交流
|   |       |--- HttpUtil.java                 //通过 Http Client 和服务器通信
|   |       |--- UploadUtil.java    //通过 HttpURLConnection 实现图片上传
|   |--- com.example.erhuo.Page
|   |       |--- LoginPage.java                    //显示登录的页面
|   |       |--- PersonalInfoPage.java         //个人信息显示和修改页面
|   |       |--- PersonalPublishedPage.java    //个人发布商品列表信息页面
|   |       |--- PersonalFavoredPage.java      //个人收藏商品列表信息页面
|   |       |--- DialogListPage.java           //对话列表页面
|   |       |--- PersonalOrderPage.java        //个人订单列表信息页面
|   |       |--- ItemPage.java                 //商品信息页面
|   |       |--- OrderPage.java                //订单信息页面
|   |       |--- MainPage.java                 //主界面
|   |--- com.example.erhuo.adapter
|   |       |--- UserAdapter.java      //用户管理
|   |       |--- ItemAdapter.java      //商品管理
|   |       |--- PurchaseAdapter.java  //销售管理
|   |       |--- DialogAdapter.java    //对话管理
|--- res              //各种资源文件
|   |--- drawable     //UI 中使用的图片资源文件
|   |--- layout       //界面布局文件
|   |--- values       //其他资源文件如字符串、颜色、尺寸
|--- AndroidManifest.xml //系统清单文件,控制 Android 应用的整体属性
```

2) 服务器端的 Project

服务器的开发环境为 Eclipse+Tomcat 插件,文件结构如下。

```
ErhuoServer
    |--- WebContent
    |       |--- META-INF      //该 web project 的配置文件
    |       |--- WEB-INF
    |            |--- lib      //存放需要的 JAR 包
    |            |--- web.xml  //控制系统整体属性的文件
    |--- Java Resources
```

```
|--- src              //存放 Servlet 代码
        |--- erhuoServer
        |      |--- ServerUserControl.java        //处理用户管理
        |      |--- ServerPurchaseControl.java    //处理销售信息
        |      |--- ServerDialogControl.java      //处理对话信息
        |      |--- ServerItemControl.java        //处理商品信息
        |--- erhuoServer.utility
        |      |--- ServerCom.java                //通信服务
        |      |--- RongCloudSDK.java             //即时通信
        |      |--- PersistentService.java        //数据服务
```

3）数据库的关系表

（1）概述：本应用使用 MySQL 关系型数据库，将实体对象模型映射到关系型数据库中。

（2）实体类及其属性的映射（见表 12-23～表 12-28）。

表 12-23　用户信息表 UserInfo

序号	字　　段	说　　明	数据类型	允许为空	主键	长度	备注
1	userID	用户 ID	int	N	Y		
2	userName	用户名	varChar	N	N	10	
3	password	用户密码	varChar	N	N	6	
4	phoneNumber	用户电话	varChar	N	N	12	
5	mail	用户邮箱	varChar	N	N	30	

表 12-24　物 品 信 息 表

序号	字　　段	说　　明	数据类型	允许为空	主键	单位	备注
1	itemID	物品 ID	int	N	Y		
2	itemName	物品名	varChar	N	N	20	
3	description	物品描述	varChar	N	N	100	
4	price	物品价格	int	N	N		
5	Image	物品图像	blob	Y	N		
6	itemTypeID	物品类型 ID	int	N	N		
7	sellerID	发布者 ID	int	N	N		
8	status	状态	varChar	N	N	15	

表 12 - 25　订单信息表 Order

序号	字段	说明	数据类型	允许为空	主键	单位	备注
1	orderID	订单 ID	int	N	Y		
2	itemID	物品 ID	int	N	N		
3	sellerID	销售者 ID	int	N	N		
4	buyerID	购买者 ID	int	N	N		
5	dealPlace	交易地点	varChar	Y	N	100	
6	dealDate	交易日期	DateTime	N	N		
7	contactPhone	购买者联系电话	varChar	N	N	12	
8	status	状态	varChar	N	N	15	

表 12 - 26　物品类别表 ItemType

序号	字段	说明	数据类型	允许为空	主键	单位	备注
1	typeID	类别 ID	int	N	Y		
2	typeName	类别名	varChar	N	N	20	
3	description	描述	varChar	N	N	100	

表 12 - 27　对话信息表

序号	字段	说明	数据类型	允许为空	主键	单位	备注
1	dialogID	对话 ID	int	N	Y		
2	buyerID	买方 ID	int	N	N		
3	sellerID	卖方 ID	int	N	N		
4	startTime	开始时间	DateTime	N	N		
5	endTime	结束时间	DateTime	Y	N		

表 12 - 28　对话内容表

序号	字段	说明	数据类型	允许为空	主键	单位	备注
1	messageID	消息 ID	int	N	Y		
2	dialogID	对话 ID	int	N	N		
3	message	消息内容	varChar	N	N	300	
4	senderID	发送者 ID	int	N	N		
5	receiverID	接受者 ID	int	N	N		
6	sendTime	发送时间	Datetime	N	N		

（3）关联的映射（见表 12 - 29）。

表 12 - 29　收藏物品列表 FavoredList

序号	字　段	说　明	数据类型	允许为空	主键	单位	备注
1	userID	用户 ID	int	N	Y		
2	itemID	物品 ID	int	N	Y		

12.4.1.6　测试描述

测试描述如表 12 - 30 所示。

表 12 - 30　测　试　描　述

测试编号	目　　的	输　入	输　出
1	检测注册用户名	用户名 Abcd	用户名不能少于 6 个字符 输出不能为空
2	检测注册用户名	用户名 foobar	无（成功）
3	检测注册	空输入	输入不能为空
4	检测注册密码	密码 1234	密码不能少于 6 个字符
5	检测注册密码	密码 abcd1234	无（成功）
6	检测注册手机号	手机号 11111	手机号需 11 位数字
7	检测注册手机号	手机号 13393453467	无（成功）
8	检测注册邮箱	邮箱 xxxxx. com	邮箱需含有@符号
9	检测注册邮箱	邮箱 abcd@163. com	无（成功）
10	检测登录	用户名 Abcd	用户名不能少于 6 个字符 该用户名已被注册
11	检测登录	用户名 tomcat	无（成功）
12	检测登录密码	密码 1234	密码不能少于 6 个字符
13	检测登录密码	密码 abcd1234	无（成功）
14	检测登录	空输入	输入不能为空
15	检测发布商品名称	空输入	输入不能为空
16	检测发布商品名称	商品名：数学分析	无（成功）
17	检测发布商品价格	价格 dd	价格需为 double
18	检测发布商品价格	价格 15. 50	无（成功）
19	检测订单时间	时间为空	时间不能为空
20	检测订单时间	2016 - 06 - 06	无（成功）

12.4.1.7　审查结论

开发的系统经修改之后通过所列的测试,表明系统能够成功接受正常的输入,判断错误的输入并做出相应的响应,暂未发现系统的漏洞。

将实际开发出的系统与需求获取、分析及设计阶段的文档、模型进行对比,表明系统基本符合预期的结果,实现了二手交易市场的商品发布、浏览、查找、购买等核心功能。

系统开发的代码设计符合前期所列的各项规范和标准,和系统的设计模型基本保持一致。

综上所述,本团队开发的校园二手交易平台基本完成,实现了预定功能,可以进一步测试后投入使用。

12.5　测 试 阶 段

该阶段提供软件测试计划及软件测试总结报告。

12.5.1　软件测试计划

12.5.1.1　引言

1) 编写目的

本软件测试计划文档的编写目的是对二手商品交易平台软件的测试工作进行计划和规约。文档将展示项目的测试策略、测试环境等,罗列出具体的测试用例,制定测试时间计划等。本文档用于开发团队和测试人员进行测试工作。

2) 适用范围

本文档适用的软件:校园二手商品交易平台。

与该软件相关的特性、子系统、模型、代码等均符合本文档中的内容。

3) 定义

本文件中涉及的术语定义在项目词汇表(词汇表.docx)中给出。

4) 参考资料

《面向对象软件工程——使用 UML、模式与 Java》(第 3 版),清华大学出版社,2011。

5) 概述

本文档包括测试策略、测试范围和测试方法、测试用例、测试环境、测试计划安排和风险管理 6 部分。测试策略安排了整个测试的流程。测试范围和测试方法制订了详细的测试需求和方法。测试用例具体地给出了测试的具体内容。测试环境规定了测试的软硬件要求。测试计划安排了相关人员和时间。风险管理指出了可能的风险。本文件的各部分内容联系紧密,互为补充和对照,共同呈现本软件的测试计划。

12.5.1.2　测试策略

1) 整体测试策略(见表 12 - 31)。

2) 进入准则

测试开始条件即进入准则:系统已经提交,软件发布,测试计划完成;测试用例设计完毕;测试环境搭建完毕;测试人员到位。

表 12‑31　整体测试策略表

测 试 需 求	参 加 人 员	预 期 结 果
功能测试	苏同学、姚同学	确保用户所选定的功能正常实现
性能测试	徐同学、雷同学	测试在不同的工作量条件下的性能行为响应时间
安全性测试	雷同学	对数据功能的访问正常,核实只能访问其所属用户类型被授权的功能
界面测试	田同学、姚同学	窗口的对象和特征符合标准,进行的浏览包括窗口之间的切换,以及各种访问方法的使用
安装测试	徐同学	安装后程序可以正常运行也能正常卸载
兼容测试	苏同学	在不同版本的 Andriod 系统上能够运行

3) 暂停/退出准则

测试暂停条件:软件运行时出现崩溃或发现问题、漏洞。

测试退出条件:系统功能全部测试;缺陷严重程度为 PI 的数量为 0;测试用例执行率＝100%;提交测试文档。

12.5.1.3　测试范围和测试方法

1) 测试的子系统对象

需要测试的子系统:

UserManagement 子系统,ItemManagement 子系统,OrderManagement 子系统

不需要测试的子系统:

DialogMangement 子系统(使用第三方服务,可靠性高,无须测试)

2) 测试需求

(1) 功能需求。各个用例的测试需求罗列在表 12‑32 中。

表 12‑32　功 能 需 求 表

用 例	功 能	编 号	测 试 需 求	测试方法
注册	添加用户信息	TR‑01	1. 添加的用户信息应包括用户名、密码、邮箱、手机号 2. 用户名、邮箱、手机均不可重复 3. 所有信息必须输入不能为空	黑盒测试 手工测试
登录	验证用户名和密码后进入系统	TR‑02	1. 检测用户账户是否重复 2. 检测用户的密码和账户是否匹配 3. 所有信息必须输入不能为空	黑盒测试 手工测试

用　例	功　能	编　号	测　试　需　求	测试方法
管理用户信息	修改用户信息	TR-03	1. 输入的手机号符合格式 2. 输入的邮箱符合格式 3. 所有信息输入不能为空 4. 信息有效情况下，用户的信息能够修改成功	黑盒测试 手工测试
发布商品	提交商品信息	TR-04	1. 商品名称不能为空 2. 提供商品描述 3. 商品图片能上传 4. 商品价格需符合格式 5. 信息有效情况下，商品信息发布	黑盒测试 手工测试
查看发布的商品	直接显示用户发布的商品列表	TR-05	能够正确地显示用户发布的商品信息	黑盒测试 手工测试
查看收藏的商品	直接显示用户已经收藏的商品列表	TR-06	能够正确显示用户已经收藏的商品信息	黑盒测试 手工测试
查看订单信息	直接显示用户（作为卖方和买方）的订单列表	TR-07	正确显示用户的所有订单信息	黑盒测试 手工测试
查看对话信息	直接显示所有参与的对话信息	TR-08	正确显示所有的对话信息	黑盒测试 手工测试
沟通交流	买卖双方进行消息交流	TR-09	在对话页面上能够发送和接收消息	黑盒测试 手工测试
查看商品详情	显示商品的详细信息，在该页面上可以下订单、进行收藏等	TR-10	查看某一商品的详细信息，信息显示正确	黑盒测试 手工测试
浏览商品信息	浏览某一类别的商品列表	TR-11	1. 点击某一类别后，显示该类别所有商品信息 2. 信息显示正确	黑盒测试 手工测试
搜索商品	用户搜索需要的商品，显示列表	TR-12	1. 输入信息为空时，应没有结果 2. 输入的查询条件为数据库中存在的数据看能否正确得到结果	黑盒测试 手工测试
收藏商品	用户在商品详情页上可以收藏该商品信息	TR-13	用户单击收藏按钮可以将该产品信息放入收藏列表	黑盒测试 手工测试
购买商品	用户进行下单购买	TR-14	1. 用户下单后，检查数据库中是否添加了相应数据 2. 用户输入不符合标准的数据时提示错误信息（日期、价格、地点）	黑盒测试 手工测试

用　例	功　能	编　号	测 试 需 求	测试方法
结束交易	买卖双方在订单页上结束交易	TR-15	用户能够结束交易,改变订单状态	黑盒测试 手工测试
取消订单	用户取消订单,另一方确认	TR-16	1. 用户单击取消订单后,检查数据库中是否改变状态 2. 用户页面上是否显示状态改变	黑盒测试 手工测试

(2) 其他需求(见表 12-33)。

表 12-33　其他需求表

需　求	是否需要进行测试	测 试 需 求	测 试 方 法
可用性	是	系统功能完整	黑盒测试
可靠性	是	安全性测试	手工测试
性　能	是	性能测试	自动化测试 LoadRunner 8.0
可支持性	是	兼容性测试	手工测试 黑盒测试

12.5.1.4　测试用例

测试用例如表 12-34 所示。

表 12-34　测试用例表

需求项	测试需求编号	测试用例编号	测 试 用 例	
UR-01 Register	TR-01-01	TU-01-01-01	名称	检测注册用户名字符数
			测试对象	注册页面
			优先级	中
			输入	用户名 Abcd
			输出	用户名不能少于 6 个字符
			步骤	在输入时判断输入框内的字符是否小于 6 个并弹出浮框
			说明	手工测试
		TU-01-01-02	名称	检测注册用户名是否存在
			测试对象	注册页面
			优先级	较高
			输入	用户名 foobar
			输出	无(成功)
			步骤	注册界面将接收到的信息传送给服务器,服务器端检查是否存在并返回
			说明	手工测试

需求项	测试需求编号	测试用例编号	测 试 用 例	
UR-01 Register	TR-01-02	TU-01-02-01	名称	检测注册密码字符数
			测试对象	注册页面
			优先级	中
			输入	密码 1234
			输出	密码不能少于 6 个字符
			步骤	在输入时判断输入框内的字符是否小于6 个并弹出浮框
			说明	手工测试
		TU-01-02-02	名称	检测两次输入密码是否一致
			测试对象	注册页面
			优先级	较高
			输入	密码 abcd1234 abcd
			输出	无（成功）
			步骤	注册界面上填写不一致密码 系统提示密码不一致 填写一致密码 注册成功
			说明	手工测试
	TR-01-03	TU-01-03-01	名称	检测注册手机号格式是否正确
			测试对象	注册页面
			优先级	较高
			输入	手机号 11111
			输出	手机号需 11 位数字
			步骤	在输入时判断输入框内的字符是否满足 11 位
			说明	手工测试
		TU-01-03-02	名称	检测注册手机号是否存在
			测试对象	注册页面
			优先级	较高
			输入	手机号 13393453467
			输出	无（成功）
			步骤	注册界面将接收到的信息传送给服务器，服务器端检查是否存在并返回
			说明	手工测试

需求项	测试需求编号	测试用例编号	测　试　用　例	
UR-01 Register	TR-01-04	TU-01-04-01	名称	检测注册邮箱格式是否正确
			测试对象	注册页面
			优先级	中
			输入	邮箱 xxxxx.com
			输出	邮箱需含有@符号
			步骤	在输入时判断输入框内的字符是否满足邮箱格式
			说明	手工测试
		TU-01-04-02	名称	检测注册邮箱是否存在
			测试对象	注册页面
			优先级	中
			输入	邮箱 abcd@163.com
			输出	无(成功)
			步骤	注册界面将接收到的信息传送给服务器,服务器端检查是否存在并返回
			说明	黑盒测试
	TR-01-05	TR-01-05-01	名称	检测空输入
			测试对象	注册页面
			优先级	较高
			输入	空
			输出	输入不能为空
			步骤	输入框检测输入是否为空
			说明	手工测试
SUR-01 Login	TR-02-01	TR-02-01-01	名称	检测登录用户名字符数
			测试对象	登录页面
			优先级	较高
			输入	用户名 Abcd
			输出	用户名不能少于6个字符
			步骤	在输入时判断输入框内的字符是否小于6个并弹出浮框
			说明	手工测试
		TR-02-01-02	名称	检测登录用户名是否存在
			测试对象	登录页面
			优先级	较高
			输入	用户名 tomcat
			输出	无(成功)
			步骤	提交给数据库之后查询是否已存在并返回结果
			说明	手工测试

需求项	测试需求编号	测试用例编号	测试用例	
SUR-01 Login	TR-02-02	TR-02-02-01	名称	检测登录密码字符数
			测试对象	登录页面
			优先级	较高
			输入	密码 1234
			输出	密码不能少于 6 个字符
			步骤	在输入时判断输入框内的字符是否小于 6 个并弹出浮框
			说明	手工测试
		TR-02-02-02	名称	检测登录密码是否正确
			测试对象	登录页面
			优先级	较高
			输入	密码 abcd1234
			输出	无（成功）
			步骤	提交给数据库之后查询是否和用户名相匹配并返回结果
			说明	手工测试
	TR-02-03	TR-02-03-01	名称	检测空输入
			测试对象	登录页面
			优先级	较高
			输入	空
			输出	输入不能为空
			步骤	输入框检测输入是否为空
			说明	手工测试
UR-2 Manage PersonalInformation	TR-03-01	TR-03-01-01	名称	检测邮箱格式是否正确
			测试对象	个人信息页面
			优先级	较高
			输入	邮箱 xxxxx.com
			输出	邮箱需含有@符号
			步骤	在输入时判断输入框内的字符是否满足邮箱格式
			说明	手工测试
		TR-03-01-02	名称	检测注册手机号格式是否正确
			测试对象	个人信息页面
			优先级	较高
			输入	手机号 11111
			输出	手机号需 11 位数字
			步骤	在输入时判断输入框内的字符是否满足 11 位
			说明	手工测试

需求项	测试需求编号	测试用例编号	测　试　用　例	
UR-2 Manage PersonalInformation	TR-03-02	TR-03-02-01	名称	检测注册密码字符数
			测试对象	注册页面
			优先级	中
			输入	密码 1234
			输出	密码不能少于 6 个字符
			步骤	在输入时判断输入框内的字符是否小于 6 个并弹出浮框
			说明	手工测试
		TR-03-02-02	名称	检测两次输入密码是否一致
			测试对象	注册页面
			优先级	较高
			输入	密码 abcd1234 abcd
			输出	无（成功）
			步骤	注册界面上填写密码不一致 系统提示密码不一致 填写一致密码 注册成功
			说明	手工测试
UR-03 PublishItem	TR-04-01	TR-04-01-01	名称	检测发布商品名称空输入
			测试对象	发布商品页面
			优先级	较高
			输入	空
			输出	输入不能为空
			步骤	输入框检测输入是否为空
			说明	手工测试
		TR-04-01-02	名称	检测发布商品名称
			测试对象	发布商品页面
			优先级	较高
			输入	商品名：数学分析
			输出	无（成功）
			步骤	输入框检测商品名称是否正确
			说明	手工测试
	TR-04-02	TR-04-02-01	名称	检测发布商品价格
			测试对象	发布商品页面
			优先级	较高
			输入	价格 dd
			输出	价格需为 double
			步骤	输入框检测商品价格是否正确
			说明	手工测试

需求项	测试需求编号	测试用例编号	测 试 用 例	
UR-03 PublishItem	TR-04-03	TR-04-03-01	名称	检测商品照片上传
			测试对象	发布商品页面
			优先级	较高
			输入	商品照片文件
			输出	上传成功
			步骤	单击上传按钮 选择某一照片文件上传 显示照片
			说明	手工测试
SUR-02 CheckPublishedItem	TR-05-01	TR-05-01-01	名称	检测是否正确显示已发布商品列表
			测试对象	已发布商品按钮
			优先级	较高
			输入	单击已发布商品按钮
			输出	显示个人已发布的商品列表
			步骤	单击已发布商品按钮 显示个人已发布商品列表
			说明	手工测试
		TR-05-01-02	名称	检测正确显示已发布商品详情
			测试对象	商品按钮
			优先级	较高
			输入	单击商品按钮
			输出	显示个人已发布的商品详细信息
			步骤	单击商品图标按钮显示商品详细信息
			说明	手工测试
	TR-05-02	TR-05-02-01	名称	检测能够正确取消商品发布
			测试对象	取消发布按钮
			优先级	较高
			输入	对于发布的某一商品的显示页面,单击取消发布
			输出	已发布商品列表中该商品被取消
			步骤	已发布商品列表中单击商品按钮,显示商品详细信息页面 单击取消发布按钮 再次单击已发布商品按钮 取消发布的商品不再出现
			说明	手工测试

需求项	测试需求编号	测试用例编号	测试用例	
SUR - 03 CheckFavoredItem	TR - 06 - 01	TR - 06 - 01 - 01	名称	检测是否正确显示已收藏商品
			测试对象	已收藏商品按钮
			优先级	较高
			输入	单击已收藏商品按钮
			输出	显示个人已收藏的商品列表
			步骤	单击已收藏商品按钮 显示个人已收藏商品列表
			说明	手工测试
	TR - 06 - 02	TR - 06 - 02 - 01	名称	检测能够正确取消商品收藏
			测试对象	取消收藏按钮
			优先级	中
			输入	对于收藏的某一商品的显示页面,单击取消收藏
			输出	收藏商品列表中该商品被取消
			步骤	收藏商品列表中单击商品按钮,显示商品详细信息页面 单击取消收藏按钮 再次单击收藏商品按钮 取消收藏的商品不再出现
			说明	手工测试
SUR - 04 CheckOrder	TR - 07 - 01	TR - 07 - 01 - 01	名称	检测是否正确显示订单列表
			测试对象	我的订单按钮
			优先级	较高
			输入	单击我的订单按钮
			输出	显示个人订单列表
			步骤	单击我的订单按钮显示个人订单列表
			说明	手工测试
		TR - 07 - 01 - 02	名称	检测是否正确显示订单信息
			测试对象	订单按钮
			优先级	较高
			输入	单击订单按钮
			输出	显示订单详细信息
			步骤	单击订单按钮 显示订单详细信息
			说明	手工测试

需求项	测试需求编号	测试用例编号	测 试 用 例	
UR - 04 CheckDialogs	TR - 08 - 01	TR - 08 - 01 - 01	名称	检测是否正确显示对话列表
			测试对象	我的对话按钮
			优先级	较高
			输入	单击我的对话按钮
			输出	显示个人对话列表
			步骤	单击对话按钮显示个人对话列表
			说明	手工测试
		TR - 08 - 01 - 02	名称	检测是否正确显示对话信息
			测试对象	对话按钮
			优先级	较高
			输入	单击对话按钮
			输出	显示对话详细信息
			步骤	单击对话按钮 显示对话详细信息
			说明	手工测试
SUR - 05 Communicate	TR - 09 - 01	TR - 09 - 01 - 01	名称	测试消息是否正确发送
			测试对象	消息发送页面
			优先级	较高
			输入	消息
			输出	消息传输显示正确
			步骤	在 A 方输入消息 单击发送按钮 在 A 方和另一方 B 方正确显示消息 接着 B 方输入消息 单击发送按钮，双方都显示消息，并且消息次序正确
			说明	手工测试
	TR - 09 - 02	TR - 09 - 02 - 01	名称	消息是否正确保存
			测试对象	我的对话按钮
			优先级	中
			输入	单击我的对话按钮 显示我的对话列表
			输出	显示刚才的对话
			步骤	单击我的对话按钮 显示我的对话列表，包含刚才的对话 选择刚才的对话 显示刚才的对话内容
			说明	手工测试

需求项	测试需求编号	测试用例编号	测试用例	
UR-05 ReadItemDetails	TR-10-01	TR-10-01-01	名称	检测正确显示商品详情
			测试对象	商品按钮
			优先级	较高
			输入	单击商品按钮
			输出	显示商品详细信息
			步骤	单击商品图标按钮 显示商品详细信息
			说明	手工测试
SUR-06 BrowseItems	TR-11-01	TR-11-01-01	名称	按照类别显示商品
			测试对象	商品类别按钮
			优先级	较高
			输入	选择某一商品类别
			输出	显示所有该类别的商品
			步骤	在主页上显示商品类别 选择某一类别 显示所有该类别的商品
			说明	手工测试
SUR-07 SearchItems	TR-12-01	TR-12-01-01	名称	检测搜索结果
			测试对象	SearchBar 组件
			优先级	较高
			输入	书
			输出	含有"书"关键字的结果
			步骤	在搜索框中输入"书" 回车 返回所有的"书"
			说明	手工测试
SUR-08 FavorItem	TR-13-01	TR-13-01-01	名称	检测能否收藏商品
			测试对象	收藏
			优先级	中
			输入	用户在商品页上单击收藏按钮
			输出	用户收藏成功
			步骤	显示商品页 如果已经收藏,则收藏按钮灰色,如果未收藏,则按钮有效,单击收藏按钮 单击我的收藏按钮 在收藏商品列表中显示该商品
			说明	手工测试

需求项	测试需求编号	测试用例编号	测试用例	
UR-06 PurchaseItem	TR-14-01	TR-14-01-01	名称	下达订单是否成功
			测试对象	商品页上下达订单按钮
			优先级	高
			输入	在商品页上单击下达订单,出现订单页,填写订单信息
			输出	下达订单成功
			步骤	在商品页上单击下达订单 出现订单页 按照要求填写订单信息并提交商品发布者查看我的订单,在订单列表中找到刚下达的订单,打开订单页,进行订单确认 下达订单的用户单击我的订单,找到刚下达的订单,打开订单页,查看订单的状态 订单的状态为已确认
			说明	手工测试
	TR-14-02	TR-14-02-01	名称	检测日期
			测试对象	PurchaseItem 组件
			优先级	较高
			输入	20160624
			输出	日期格式为 XXXX-XX-XX
			步骤	在输入时判断输入框内的字符是否满足日期格式
			说明	手工测试
		TR-14-02-02	名称	检测价格
			测试对象	PurchaseItem 组件
			优先级	较高
			输入	@#¥
			输出	价格输入为 double
			步骤	在输入时判断输入框内的字符是否满足价格格式
			说明	手工测试
SUR08 CloseDeal	TR-15-01	TR-15-01-01	名称	测试关闭交易是否成功
			测试对象	关闭交易按钮
			优先级	较高
			输入	买方点击关闭交易按钮 卖方确认关闭交易
			输出	交易关闭
			步骤	买方在订单页上单击关闭交易 卖方在对应的订单页上确认关闭交易 买方在对应的订单页上查看到交易已经关闭
			说明	手工测试

需求项	测试需求编号	测试用例编号	测 试 用 例	
SUR - 10 CancelOrder	TR - 16 - 01	TR - 16 - 01 - 01	名称	测试取消订单是否成功
			测试对象	取消订单按钮
			优先级	较高
			输入	买方单击取消订单按钮 卖方确认取消订单
			输出	订单被取消
			步骤	买方在订单页上单击取消订单 卖方在对应的订单页上确认订单取消 买方在对应的订单页上查看到交易已经取消
			说明	手工测试

12.5.1.5 测试环境

1）硬件环境

服务器：一台装有 AMD A4 - 5000 M 4 GB 内存 500 GB 硬盘的笔记本。

客户端：具有四核心处理器 2 GB RAM、16 GB ROM 数据网络接入的 Android 智能手机。

2）软件环境

服务器端：

操作系统：Microsoft Windows 8.1。

Android 4.4 及以上。

开发软件：Eclipse，Android Studio。

应用软件：JAVA 8。

客户端：

Android 6.0.1。

3）通信环境要求

网络：

服务器：10 Mbps 及以上的广域网接入，包括但不限于有线网络、Wi-Fi。

客户端：移动通信网络。

4）安全性环境要求

服务器端应当具有完善的权限管理，防止非法使用。

5）特定测试环境要求

无。

12.5.1.6 测试计划安排

（1）工作量估计（见表 12 - 35）。

表 12 - 35 工作量估计表

工 作 阶 段	所需工作日/(人·日)	占项目的比例/%
测试计划阶段	5	2.5
测试设计阶段	15	7.5
测试准备阶段	5	2.5
测试执行阶段	25	12.5
测试评估阶段	10	5

（2）人员需求及安排（见表 12 - 36）。

表 12 - 36 人员需求安排表

角 色	人 员	具体职责/备注
测试经理	徐同学	负责整个测试阶段的组织协调工作,关注测试的整体进度,并根据实际进度与计划进度的差异及时作出调整
测试设计	姚同学	首先分析测试需求,确定软件的主要用例,对每一个用例确定相应的功能、性能指标以构成测试需求,并考虑是否需要对整个软件进行性能、兼容性、安全性、容量等方面的测试;然后根据测试需求合理设计对应的测试用例
测试人员	苏同学、徐同学	按照测试设计所给出的测试用例逐一进行测试,观察测试的结果并进行相应的记录

（3）进度安排（见表 12 - 37）。

表 12 - 37 进 度 安 排 表

项目里程碑	开始时间	结束时间	输出要求/备注
测试计划阶段	2016.6.11	2016.6.11	完成测试阶段的部署安排,完成软件测试计划
测试设计阶段	2016.6.12	2016.6.14	完成软件测试需求分析和测试用例设计
测试准备阶段	2016.6.15	2016.6.15	准备测试环境(软硬件设备的配置、人员配置、测试规程的准备等)和测试数据(包括正常和引发异常的输入输出数据)
测试执行阶段	2016.6.16	2016.6.20	按照制定的测试用例逐一进行测试,观察测试结果并进行相应记录
测试评估阶段	2016.6.21	2016.6.22	从覆盖性和测试质量两方面对测试进行评估,完成软件测试总结报告

（4）其他资源需求及安排。用于搭建服务器和数据库的计算机,以及用于安装测试的手机。

（5）可交付工件（见表 12 - 38）。

表 12-38 可交付工件列表

交付物	创 建 人 员	交付对象	交付时间
软件测试计划	雷同学、徐同学、姚同学、田同学、苏同学	客户	2016.6.24
软件测试总结报告	雷同学、徐同学、姚同学、田同学、苏同学	客户	2016.6.24

12.5.1.7 风险管理

风险列表如表 12-39 所示。

表 12-39 风 险 列 表

风 险	发生的可能性/%	负面影响
测试过程中软件发生严重问题以致测试不能继续进行	10	10
测试用例设计不够完备,可能有未发现的 BUG	30	8
测试用例设计过多等原因导致测试时间超出预期	10	6
人员安排不足	20	6

12.5.2 软件测试总结报告

12.5.2.1 引言

1) 编写目的

本软件测试总结文档的编写目的是对二手商品交易平台软件的测试工作进行记录和总结,评价软件的总体情况。文档将展示测试的设计和执行情况并进行分析。本文档用于开发团队总结测试工作,完善开发工作。

2) 适用范围

本文档适用的软件:校园二手商品交易平台。

与该软件相关的特性、子系统、模型、代码等均符合本文档中的内容。

3) 定义

本文件中涉及的术语定义在项目词汇表(词汇表.docx)中给出。

4) 参考资料

《面向对象软件工程——使用 UML、模式与 Java》(第 3 版),清华大学出版社,2011。

5) 概述

本文档包括测试概要、测试执行情况、测试总结和综合评价 4 部分。测试概要描述了测试需求与测试方法。测试执行情况记录了测试的进度和测试人员的实际工作。测试总结分析了测试的情况并展示了问题的解决。综合评价根据测试对软件进行了总体的评价。本文件的各部分内容联系紧密,按照整个测试的流程进行展开。各部分互为补充和对照,共同呈现本软件的开发过程和结果。

12.5.2.2 测试概要

1) 测试需求与测试用例

(1) 功能需求:实际文档中此节内容拷贝软件测试计划的 12.5.1.3 节的内容,此处略去。

（2）其他需求：实际文档中此节内容拷贝软件测试计划的12.5.1.3节的内容，此处略去。

（3）测试用例：实际文档中此节内容拷贝软件测试计划的12.5.1.4节的内容，此处略去。

2）测试环境与配置

服务器：一台装有 AMD A4 – 5000 M 4 GB 内存 500 GB 硬盘的笔记本电脑。

网络：10 Mbps 及以上的广域网接入。

客户端：具有四核心处理器 2 GB RAM、16 GB ROM 数据网络接入的 Android 智能手机。

操作系统：Microsoft Windows 8.1。

　　　　　Android 6.0.1。

开发软件：Eclipse，Android Studio。

应用软件：JAVA 8。

3）测试工具

主要采取人工手动测试。

12.5.2.3　测试执行情况

（1）测试进度情况（见表 12 – 40）。

表 12 – 40　测试进度情况表

测试活动	计划起止日期	实际起止日期	进度偏差	备　注
测试计划	2016.6.11—6.11	2016.6.11—6.11	无	
测试设计	2016.6.12—6.14	2016.6.12—6.14	无	
测试准备	2016.6.15—6.15	2016.6.15—6.15	无	
测试执行	2016.6.16—6.20	2016.6.16—6.21	延迟1天	
测试评估	2016.6.21—6.22	2016.6.22—6.23	延迟1天	

（2）测试人员（见表 12 – 41）。

表 12 – 41　测 试 人 员 表

角　色	人　员	具体职责/备注
测试经理	徐同学	负责整个测试阶段的组织协调工作，关注测试的整体进度，并根据实际进度与计划进度的差异及时进行调整
测试设计	姚同学	首先分析测试需求，确定软件的主要用例，对每一个用例确定相应的功能、性能指标以构成测试需求，并考虑是否需要对整个软件进行性能、兼容性、安全性、容量等方面的测试；然后根据测试需求合理设计对应的测试用例
测试人员	苏同学、徐同学	按照测试设计所给出的测试用例逐一进行测试，观察测试的结果并进行相应的记录

12.5.2.4　测试总结

12.5.2.4.1　测试用例执行结果

测试用例执行结果如表 12 – 42 所示。

表 12－42　测试用例执行结果列表

测试需求标识号	测试用例标识号	测试用例的状态	测试结果	备　注
TR－01	TU－01－01－01	已执行	通过	无
	TU－01－01－02	已执行	未通过	无
	TU－01－02－01	已执行	通过	无
	TU－01－02－02	已执行	通过	无
	TU－01－03－01	已执行	通过	无
	TU－01－03－02	已执行	通过	无
	TU－01－04－01	已执行	通过	无
	TR－01－04－02	已执行	通过	无
	TR－01－05－01	已执行	通过	无
TR－02	TR－02－01－01	已执行	通过	无
	TR－02－01－02	已执行	通过	无
	TR－02－02－01	已执行	通过	无
	TR－02－02－02	已执行	通过	无
	TR－02－03－01	已执行	通过	无
TR－03	TR－03－01－01	已执行	通过	无
	TR－03－01－02	已执行	通过	无
	TR－03－02－01	已执行	通过	无
	TR－03－02－02	已执行	通过	无
TR－04	TR－04－01－01	已执行	通过	无
	TR－04－01－02	已执行	通过	无
	TR－04－02－01	已执行	通过	无
	TR－04－03－01	已执行	通过	无
TR－05	TR－05－01－01	已执行	通过	无
	TR－05－01－02	已执行	通过	无
	TR－05－02－01	已执行	通过	无
TR－06	TR－06－01－01	已执行	未通过	无
	TR－06－02－01	已执行	通过	无
TR－07	TR－07－01－01	已执行	通过	无
	TR－07－01－02	已执行	通过	无
TR－08	TR－08－01－01	已执行	通过	无
	TR－08－01－02	已执行	通过	无
TR－09	TR－09－01－01	已执行	通过	无
	TR－09－02－01	已执行	通过	无

测试需求标识号	测试用例标识号	测试用例的状态	测试结果	备 注
TR-10	TR-10-01-01	已执行	通过	无
TR-11	TR-11-01-01	已执行	通过	无
TR-12	TR-12-01-01	已执行	通过	无
TR-13	TR-13-01-01	已执行	未通过	无
TR-14	TR-14-01-01	已执行	通过	无
	TR-14-02-01	已执行	通过	无
	TR-14-02-02	已执行	通过	无
TR-15	TR-15-01-01	已执行	通过	无
TR-16	TR-16-01-01	已执行	通过	无

12.5.2.4.2 测试问题解决

测试问题解决如表12-43所示。

表12-43 测试问题解决表

测试需求标识号	测试用例标识号	错误或问题描述	错误或问题状态
TR-01	TR-01-01-02	用户名重复检查未检出	已解决
TR-06	TR-06-01-01	未显示全部收藏物品	已解决
TR-13	TR-13-01-01	已收藏物品仍然显示按钮有效	已解决

12.5.2.4.3 测试结果分析

1) 覆盖分析

(1) 测试覆盖分析(见表12-44)。测试覆盖率为100%。

表12-44 覆 盖 分 析 表

需求编号	用例个数	执行总数	未执行	未/漏测分析和原因
TR-01	9	9	0	无
TR-02	5	5	0	无
TR-03	4	4	0	无
TR-04	4	4	0	无
TR-05	3	3	0	无
TR-06	2	2	0	无
TR-07	2	2	0	无
TR-08	2	2	0	无

需求编号	用例个数	执行总数	未执行	未/漏测分析和原因
TR - 09	2	2	0	无
TR - 10	1	1	0	无
TR - 11	1	1	0	无
TR - 12	1	1	0	无
TR - 13	1	1	0	无
TR - 14	3	3	0	无
TR - 15	1	1	0	无
TR - 16	1	1	0	无

（2）需求覆盖分析（见表 12 - 45）。对应约定的测试文档，本次测试对系统需求的覆盖情况为

$$需求覆盖率＝Y(P)项/需求项总数×100％＝93.8％$$

表 12 - 45　需求覆盖分析表

需　求　项	是否通过[Y][P][N][N/A]	备　注
TR - 01	P	
TR - 02	Y	
TR - 03	Y	
TR - 04	Y	
TR - 05	Y	
TR - 06	P	
TR - 07	Y	
TR - 08	Y	
TR - 09	Y	
TR - 10	Y	
TR - 11	Y	
TR - 12	Y	
TR - 13	N	
TR - 14	Y	
TR - 15	Y	
TR - 16	Y	

2) 缺陷分析(见表 12 - 46)

表 12 - 46 缺 陷 分 析 表

需求 \ 严重级别	A: 严重影响系统运行的错误	B: 功能方面一般缺陷, 影响系统运行	C: 不影响运行但必须修改	D: 合理化建议	总计
TR - 01	1		1		2
TR - 02					0
TR - 03			2		2
TR - 04			1		1
TR - 05					0
TR - 06	1				1
TR - 07				3	3
TR - 08			2		2
TR - 09					
TR - 10					
TR - 11					
TR - 12					
TR - 13	1				1
TR - 14					
TR - 15					
TR - 16					
	3	0	6	3	12

12.5.2.5 综合评价

1) 软件能力

软件基本能够完成设计时的各项功能需求,各个用例已经基本得到实现。本软件能够实现用户发布商品、查看商品、购买商品、卖家/买家进行交谈、修改个人信息等功能。对于目前的应用来说,已经满足交付所需条件。

2) 缺陷和限制

(1) 由于未进行压力测试,系统的稳定性暂时不能保证,面对较高的并发请求时系统的稳定性存在一定的不稳定因素。

(2) 系统的部分界面仍然不够美观。

(3) 由于开发人员机器较少,软件并未在大量机器上进行测试,兼容性方面可能存在问题。

3) 建议

(1) 可以扩充服务器,以应对未来可能会有的大量用户。进行压力测试,保证系统可用性。

(2) 进一步重构应用,完善界面以及操作逻辑。

(3) 发布 beta 版本,收集软件在各种条件下的运行状况,提高稳定性。

12.6 总结和交付阶段

该阶段提供交付清单、软件项目总结报告、软件验收报告和用户手册。

12.6.1 交付清单

12.6.1.1 引言

1）编写目的

本交付清单的编写目的是对二手商品交易平台软件的交付物进行罗列和说明。清单将展示项目交付的所有文档和软件的构成。本文档用于客户对开发团队的工作进行验收。

2）适用范围

本文档适用的软件：校园二手商品交易平台。

与该软件相关的文档、子系统、模型、代码等均符合本文档中的内容。

3）定义

本文件中涉及的术语定义在项目词汇表（词汇表.docx）中给出。

4）参考资料

《面向对象软件工程——使用 UML、模式与 Java》（第 3 版），清华大学出版社，2011。

5）概述

本文档包括文档清单和软件清单两部分。文档清单列出所交付的各种文档及对应的文件名。软件清单列出各个软件模块、对应的文件名及其大小。两部分互为补充和对照，共同呈现本软件的交付物。

12.6.1.2 文档清单

1）计划阶段

计划阶段文档清单如表 12-47 所示。

2）需求获取和分析阶段

需求获取和分析阶段文档清单如表 12-48 所示。

表 12-47 计划阶段文档清单

文 件 名	文 件 类 型	文 件 大 小
风险列表	xls	24 kB
可行性分析报告	doc	247 kB
项目开发计划	doc	391 kB

表 12-48 需求获取和分析阶段文档清单

文 件 名	文 件 类 型	文 件 大 小
词汇表	docx	32 kB
软件需求规约	docx	1 035 kB

（1）设计阶段（见表12-49）。

表12-49　设计阶段文档清单

文　件　名	文　件　类　型	文　件　大　小
软件架构文档	docx	645 kB
软件设计模型	docx	1 363 kB

（2）开发阶段（见表12-50）。

表12-50　开发阶段文档清单

文　件　名	文　件　类　型	文　件　大　小
模块开发卷宗	docx	482 kB

（3）测试、总结和交付阶段（见表12-51）。

表12-51　测试、总结和交付阶段文档清单

文　件　名	文　件　类　型	文　件　大　小
交付清单	docx	254 kB
软件测试计划	docx	55 kB
软件测试总结报告	docx	60 kB
软件项目总结报告	docx	141 kB
软件验收报告	docx	41 kB
用户手册	docx	787 kB

3）附件（注：本文未提供）

附件表如表12-52所示。

表12-52　附　件　表

文　件　名	文　件　类　型	文　件　大　小
编程及代码风格指南	docx	42 kB
系统测试计划	docx	18 kB
需求管理计划	docx	27 kB
业务建模指南	docx	24 kB
用例建模指南	docx	50 kB

12.6.1.3　软件清单

1）Android 客户端

Android 项目文件名为 erhuo，大小为 123 MB，项目的文件结构如下：

```
erhuo
    |--- libs                        //存储 Android 项目所需的第三方 JAR 包
    |--- bin                         //存放生成的目标文件,如 APK 文件
    |--- gen                         //保存自动生成的文件,如 R.java 文件
    |--- src                         //保存 Java 源文件的目录
    |--- res                         //各种资源文件
    |--- RongIMKit                   //第三方(融云)的即时通信 SDK
    |--- AndroidManifest.xml   //系统清单文件,控制 Android 应用的整体属性
```

各文件夹对应的文件如下:

(1) Java 源代码:Java 源代码位于 src 文件夹下,大小为 94.2 kB,包名为 com.example.erhuo。

```
|--- src                              //保存 Java 源文件的目录
|   |--- com.example.erhuo
|   |   |--- App.java                //初始化全局变量以及启动 MainPage
|   |   |--- ClientUserInfoControl.java   //用户管理功能的实现
|   |   |--- ClientItemControl.java       //商品管理功能的实现
|   |   |--- ClientDialogControl.java     //通信对话功能的实现
|   |   |--- ClientPurchaseControl.java   //交易管理功能的实现
|   |--- com.example.erhuo.entity
|   |   |--- User.java                //用户信息实体类
|   |   |--- Item.java                //商品信息实体类
|   |   |--- Order.java               //订单信息实体类
|   |   |--- Dialog.java              //对话信息实体类
|   |   |--- FavoredList.java         //收藏列表
|   |   |--- PublishedList.java       //发布商品列表
|   |   |--- OrderList.java           //订单列表
|   |   |--- DialogList.java          //对话列表
|   |--- com.example.erhuo.util
|   |   |--- RongCloudSDK.java        //对话交流
|   |   |--- HttpUtil.java            //通过 HttpClient 和服务器通信
|   |   |--- UploadUtil.java   //通过 HttpURLConnection 实现图片上传
|   |--- com.example.erhuo.Page
|   |   |--- LoginPage.java           //显示登录的页面
|   |   |--- PersonalInfoPage.java    //个人信息显示和修改页面
|   |   |--- PersonalPublishedPage.java   //个人发布商品列表信息页面
|   |   |--- PersonalFavoredPage.java     //个人收藏商品列表信息页面
|   |   |--- DialogListPage.java      //对话列表页面
|   |   |--- PersonalOrderPage.java   //个人订单列表信息页面
|   |   |--- ItemPage.java            //商品信息页面
```

```
|   |    |--- OrderPage.java                    //订单信息页面
|   |    |--- MainPage.java                      //主界面
|   |--- com.example.erhuo.adapter
|   |    |--- UserAdapter.java      //用户管理
|   |    |--- ItemAdapter.java      //商品管理
|   |    |--- PurchaseAdapter.java  //销售管理
|   |    |--- DialogAdapter.java    //对话管理
```

(2) 资源文件: 各种软件需要的资源文件在 res 文件夹下, 总大小为 2.59 MB。

```
res              //各种资源文件
|--- drawable    //UI 中使用的图片资源文件
|--- layout      //界面布局文件
|--- values      //其他资源文件如字符串、颜色、尺寸
```

这里只列出 layout 文件夹下的文件:

```
|   |    |--- LoginPage.xml
|   |    |--- PersonalInfoPage.xml
|   |    |--- PersonalPublishedPage.xml
|   |    |--- PersonalFavoredPage.xml
|   |    |--- DialogListPage.xml
|   |    |--- PersonalOrderPage.xml
|   |    |--- ItemPage.xml
|   |    |--- OrderPage.xml
|   |    |--- MainPage.xml
```

(3) 其他: 软件所需的 JAR 包在 libs 文件夹下, 总大小为 1.59 MB。对应文件如图 12 - 99 所示。

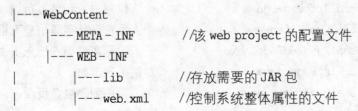

名称	修改日期	类型	大小
android-support-v4.jar	2016/5/7 18:37	JAR 文件	1,333 KB
org.apache.http.legacy.jar	2016/6/22 19:29	JAR 文件	297 KB

图 12 - 99 Jar 包

2) 服务器端

服务器端项目开发环境为 Eclipse, 服务器容器为 Tomcat, 文件夹名为 erhuoServer, 文件结构如下:

```
erhuoServer
    |--- WebContent
    |    |--- META - INF        //该 web project 的配置文件
    |    |--- WEB - INF
    |         |--- lib          //存放需要的 JAR 包
    |         |--- web.xml       //控制系统整体属性的文件
```

```
                |--- Java Resources
                        |--- src                    //存放 Servlet 代码
```
Java 源代码在 src 文件夹下，总大小为 89 kB，包含的文件如下：
```
|--- erhuoServer
        |       |--- ServerUserControl.java          //处理用户管理
        |       |--- ServerPurchaseControl.java       //处理销售信息
        |       |--- ServerDialogControl.java         //处理对话信息
        |       |--- ServerItemControl.java            //处理商品信息
        |--- erhuoServer.utility
        |       |--- ServerCom.java                   //通信服务
        |       |--- RongCloudSDK.java               //即时通信
        |       |--- PersistentService.java            //数据服务
```

3）数据库

此处插入模块开发卷宗文档中 12.4.1.5 节中的数据库表信息。此处略去。

数据库总共插入 293 条数据，所占大小为 96.00 kB。

12.6.2 软件项目总结报告

12.6.2.1 引言

1）编写目的

本软件项目总结报告文档的编写目的是对二手商品交易平台软件的整个项目工作进行总结和回顾。文档将展示项目的最终结果，对开发工作进行评价，并总结经验和教训。本文档用于开发团队总结项目情况，为之后的工作积累经验。

2）适用范围

本文档适用的软件：校园二手商品交易平台。

与该软件相关的特性、子系统、模型、代码等均符合本文档中的内容。

3）定义

本文件中涉及的术语定义在项目词汇表（词汇表.docx）中给出。

4）参考资料

《面向对象软件工程——使用 UML、模式与 Java》（第 3 版），清华大学出版社，2011。

5）概述

本文档包括实际开发结果、开发工作评价及经验与教训三部分。实际开发结果总结了项目的产品、费用和人员等情况。开发工作评价从多个方面回顾开发工作。经验与教训是整个团体最后的反思和体会。本文件的各部分内容联系紧密，回顾了之前的工作，进行了全面的总结。各部分互为补充和对照，共同呈现本项目的总体情况。

12.6.2.2 实际开发结果

12.6.2.2.1 产品

1）程序系统

（1）Android 客户端程序层次关系（见表 12 - 53）。

表 12－53　程序层次关系表

包　　名	程　序　名	程序大小（单位：kB）
com. example. erhuo	App. java	1
	ClientUserInfoControl. java	5
	ClientItemContro. java	6
	ClientDialogControl. java	3
	ClientPurchaseControl. java	5
com. example. erhuo. entity	User. java	1
	Item. java	1
	Order. java	1
	Dialog. java	2
	FavoredList. java	1
	PublishedList. java	1
	OrderList. java	1
	DialogList. java	1
com. example. erhuo. util	RongCloudSDKl. java	4
	HttpUtil. java	4
	UploadUtil. java	6
com. example. erhuo. Page	Login. java	4
	PersonalInfoPage. java	4
	PersonalFavoredPage. java	4
	DialogListPage. java	4
	OrderDetails. java	7
	PersonalOrderPage. java	5
	ItemPage. java	7
	OrderPage. java	4
	MainPage. java	7
com. example. erhuo. adapter	UserAdapter. java	4
	ItemAdapter. java	4
	PurchaseAdapter. java	4
	DialogAdapter. java	3

（2）服务器端程序（见表 12－54）。

表 12-54　服务器端程序列表

包　名	程　序　名	程序大小(单位: kB)
erhuoServer	ServerUserControl	12
	ServerPurchaseControl	8
	ServerDialogControl. java	8
	ServerItemControl. java	12
erhuoServer. utility	ServerCom. java	6
	RongCloudSDK. java	2
	PersistentService	10

2) 程序系统版本(见表 12-55)

表 12-55　程序版本列表

程序系统名	程序版本号	描　　述	修订日期
erhuo(客户端程序)	v1.0	draft	2016 年 5 月 9 日
	v1.1	实现了核心用例基本功能	2016 年 6 月 1 日
	v2.0	经过测试,对交易逻辑进行了微调	2016 年 6 月 22 日
erhuoServer (服务器端程序)	v1.0	draft	2016 年 5 月 9 日
	v1.1	实现核心用例的基本功能	2016 年 6 月 1 日
	v2.0	经过测试,优化了商品图片的保存	2016 年 6 月 22 日

3) 文件描述

该节拷贝模块开发卷宗的 12.4.1.5 节。此处略去。

4) 数据库

该节拷贝模块开发卷宗的 12.4.1.5 节内容。此处略去。

12.6.2.2.2　主要功能和性能

主要功能和性能列表如表 12-56 和表 12-57 所示。

表 12-56　主要功能列表

主　要　功　能	开发目标	备　　注
用户注册	达到	无
用户登录	达到	无
用户管理个人信息	达到	无
发布商品	达到	无
查看用户个人发布商品	达到	无
查看用户个人收藏商品	达到	无

主　要　功　能	开发目标	备　　注
查看用户个人订单	达到	无
查看对话消息	达到	无
沟通交流	超过预期	增加了即时通讯
查看商品详情	达到	无
浏览商品	达到	包括查看商品种类、某一种类下的商品和商品详情
搜索商品	未完全达到	只使用了 MySQL 中的模糊匹配，没有进一步处理查询语句
收藏商品	达到	
购买商品	超过预期	对交易逻辑、订单和商品状态进行了较完备的定义
结束交易	达到	
取消订单	达到	

表 12-57　主要性能列表

性　能　需　求	开发目标	备　　注
响应时间需求	超过预期	请求合适的平均响应时间小于 0.5 s
吞吐量需求	达到	
容量需求	达到	
降级模式	达到	
资源需求	未完全达到	

12.6.2.2.3　基本流程

本系统中的核心用例为 PurchaseItem。

此处插入软件设计模型文档中的图 12-80。

进度如表 12-58 所示。

表 12-58　进　度　表

里 程 碑 事 件	计划完成日期	实际完成日期	进度偏差
需求定义文档完成	2016-04-06	2016-04-05	提前 1 天
软件架构设计文档完成	2016-04-20	2016-05-04	延迟 14 天
模块开发完成	2016-05-05	2016-06-01	延迟 27 天
系统集成完成	2016-05-14	2016-06-09	延迟 26 天
系统测试	2016-05-20	2016-06-23	延迟 33 天
项目全部结束	2016-06-01	2016-06-24	延迟 23 天

由于是第一次系统地开发软件，经验上有所欠缺，在计划阶段预定的时间可能偏早，没有考虑到实际开发进程中会遇到很多问题。在开发过程中，又有一些没有预料到的问题，加之开发组成员的时间安排等因素，造成实际开发进度比起计划进度有较大的延迟。

12.6.2.2.4　费用

由于本项目作为实习项目依托学生团队开发,因此目前暂无实际的支出。

12.6.2.3　开发工作评价

1) 对生产效率的评价

(1) 系统开发历时约 3 个月。

(2) 开发的反复性比较多。

(3) 程序平均生产效率,每人每月生产约 1 000 行。

(4) 文件平均生产效率,每人每月生产约 3 600 多字。

原计划:每人每月生产约 1 500 行代码、5 000 字左右。

2) 对产品质量的评价

约每 200 条指令会出现一个 BUG,错误发生率在估计范围内。

3) 对技术方法的评价

(1) 使用了 PowerDesigner 工具建立模型,方便程序员很好地理解业务流程和掌握系统架构者的架构思想,更好地满足客户的功能需求。在今后的项目开发中,我们要更好地完成系统的前期模型建立来最大限度地优化系统功能。

(2) 采用了客户端/服务器模式,前台客户端为手机端 Android App,后台为 Tomcat 服务器+MySQL 数据库,客户、服务器分离符合 App 开发的环境,并且也方便数据的集中管理。

(3) 采用了 MVC 模式,MVC 模式将系统分为视图(第一层)、控制器(第二层)和模型(第三层)三部分。另外在本系统中会使用到对话功能(联系卖家),也需要使用 MVC 模式。

(4) 使用三层体系结构:① 用户界面层,App 的 UI;② 应用逻辑层,控制实现系统功能,负责用户信息、商品、订单和对话的控制;③ 存储层,主要负责系统数据的存储、检索和查询;④ 使用了第三方服务实现即时通讯,节约了开发成本和时间。

4) 出错原因的分析

(1) MySQL 中的字符集编码中,默认编码为 latin,这导致了客户端无法显示从服务器收到的中文字符,解决方法是修改 MySQL 安装目录下的配置文件,加入"character_set_server＝utf8"和"character_set_database＝utf8"即可将默认编码修改为 utf‐8。

(2) 使用 Android studio 无法编译项目代码,当时出错的原因是 gradle 的版本不是最新的,而且 compile‐API 和 build target 没有一一对应。

(3) 服务器端的开发环境为 Eclipse,服务器容器为 Tomcat,当需要修改服务器端的代码时,Tomcat 服务器必须重新启动才能将编译后的文件写回服务器中。

(4) Android 设计过程中,出现了可任意调整大小的一种图片格式".9.png",这种图片是用于 Android 开发的一种特殊的图片格式,可以用 AndroidSDK/platform tools 文件夹下的draw9patch.bat 工具把普通的图片修改成".9.png"格式的图片。

12.6.2.4　经验与教训

1) 经验

(1) 计划方面:从实际开发进度与计划开发进度的对比中可以看到,实际开发进度比起计划有较大的延迟。由于是首次按照系统的流程来开发一个软件,经验不足是造成这种情况的主要因素。在计划阶段,对实际开发过程中可能遇到的各种问题考虑不足,给各阶段预留的时间较少。在实际开发过程中也遇到了一些事先没有预料到的问题,加上开发组成员时间安排等因素,造成实际进度的延迟。

(2)需求方面:项目的需求调查一定要做到位,落实到具体使用者的需求,完全考虑产品使用者可能会有的需求,需求没有最细,只有更细,这样才能在后续的开发中符合客户的需求,同时在实施过程中,以需求作为准则,进行更好的分析和开发。

(3)设计方面:项目的设计中使用了 UML(统一建模语言),对项目的开发起到了很好的指导作用。对于项目开发人员,在系统的分析和设计阶段,尽可能地让其参与,保证开发目的的明确,避免出现开发产品和预先设计脱节的情况,为设计一流的系统提供设计保障。

(4)技术方面:尽量根据预先设定的文档来进行开发,避免脱离初衷。项目开发遇到问题时应该尽早提出,避免拖延,想尽一切办法解决,否则会拖延整个项目进度,对于每一个BUG 不应该抱有侥幸心理。项目管理上应保持严格的态度。

2)教训

这次项目进行中我们做得不太好的一点是版本控制,由于各自使用的开发软件版本不一致,在进行汇总的部分出现了一系列本不该有的问题,常常导致无法调试,同时,接口部分也并不完善,在下次的开发中应使用 Git 来进行更好的项目控制。

3)收获

这次软件开发过程提供的经验是宝贵的,使我们对一个软件从开发计划、需求获取,到分析、设计、构造,再到最终的测试、交付的全过程有了亲身的体会,也有了一定的认识和理解。在以后的软件开发过程中,我们对整体过程的把握一定会有所提升,考虑问题也会更加完善和周到。

12.6.3 软件验收报告

12.6.3.1 引言

1)编写目的

本软件验收报告文档的编写目的是对二手商品交易平台软件的验收进行记录。文档将介绍项目的基本情况,描述项目的验收环境,记录最终的验收结果。本文档用于开发团队和客户验收时的参考和记录。

2)适用范围

本文档适用的软件:校园二手商品交易平台。

与该软件相关的特性、子系统、模型、代码等均符合本文档中的内容。

3)定义

本文件中涉及的术语定义在项目词汇表(词汇表.docx)中给出。

4)参考资料

《面向对象软件工程——使用 UML、模式与 Java》(第 3 版),清华大学出版社,2011。

5)概述

本文档包括项目信息、软件概述、验收测试环境、验收及测试结果和验收总结五个部分。项目信息介绍了项目的基本情况。软件概述描述了软件的组织和功能,验收测试环境记录了验收的软硬件和人员情况。验收及测试结果展示验收的实际结果。验收总结进行总体评价。各部分互为补充和对照,共同呈现本软件的验收情况。

12.6.3.2 项目信息

项目名称:校园二手商品交易平台。

项目开发单位：HelloWorld 开发团队。

项目开发时间：2016 年 3 月 22 日至 6 月 23 日。

项目验收时间：2016 年 6 月 24 日。

12.6.3.3 软件概述

12.6.3.3.1 软件结构

1) 程序系统

(1) Android 客户端程序层次关系(见表 12-59)。

表 12-59 客户端层次关系列表

包 名	程 序 名
com. example. erhuo	App. java
	ConverHome. java
	ConversationActivity. java
	ConversationListActivity. java
	DeliverItem. java
	FriendFragment. java
	log. java
	Login. java
	ManageInfo. java
	OrderPage. java
	Register. java
com. example. erhuo. entity	Friend. java
	Item. java
	UserInfo. java
com. example. erhuo. util	DialogUtil. java
	HttpUtil. java
	UploadUtil. java
com. example. erhuo. Page	ResultPage. java
	TypePage. java
	ItemPage. java
	MainPage. java
	OrderDetails. java
	PersonalDelivered. java
	PersonalFavored. java
	PersonalInfo. java
	PersonalOrder. java

包　名	程　序　名
com. example. erhuo. adapter	JSONArrayAdapter. java
	DeliveredArrayAdapter. java
	FavoredArrayAdapter. java
	KindArrayAdapter. java
	OrderArrayAdapter. java

（2）服务器端程序（见表12-60）。

表 12-60　服务器端程序列表

包　名	程　序　名
erhuoServer	cancelOrder. java
	checkLogin. java
	confirmOrder. java
	deliver. java
	editUserInfo. java
	favorItem. java
	ImageServlet. java
	Register. java
	searchItem. java
	sendOrder. java
erhuoServer. entity	Item. java
	ItemType. java
	Order. java
	UserInfo. java
erhuoServer. view	viewDeliverItem. java
	viewFavoredItem. java
	viewItem. java
	viewOrder. java
	viewType. java
	getItem. java
	getOrder. java
io. rong	ApiHttpClient. java

包　　名	程　序　名
io. rong. models	FormatType. java
	SdkHttpResult. java
io. rong. util	CodeUtil. java
	HttpUtil. java

2）数据库

该系统所使用数据库为 MySQL 关系型数据库,数据库名为 erhuo,包含的表如表 12 - 61 所示。

表 12 - 61　数　据　库　表

表　　名	域	数　据　类　型	键　类　型
user_info	user_id	int(11)	Primary
	username	varchar(50)	Unique
	userpass	varchar(50)	
	email	varchar(30)	
	phone	varchar(30)	
item_type	type_id	int(11)	Primary
	type_name	varchar(50)	
	type_desc	varchar(50)	
item	item_id	int(11)	Primary
	item_name	varchar(255)	
	item_desc	varchar(255)	
	type_id	int(11)	Foreign
	price	double	
	add_time	date	
	owner_id	int(11)	Foreign
	state_id	int(11)	
	img_src	varchar(50)	
item_order	order_id	int(11)	Primary
	buyer_id	int(11)	Foreign
	item_id	int(11)	Foreign
	order_time	datetime	
	place	varchar(255)	

表　名	域	数　据　类　型	键　类　型
item_order	buyerphone	varchar(255)	
	status	int(11)	
favor	user_id	int(11)	Foreign
	item_id	int(11)	Foreign

12.6.3.3.2　主要功能和性能

主要功能和性能如表 12-62 和表 12-63 所示。

表 12-62　主要功能列表

主　要　功　能	描　　述
注册	添加用户信息
登录	验证用户名和密码后进入系统
管理用户信息	修改用户信息
发布商品	提交商品信息
查看发布的商品	直接显示用户发布的商品列表
查看收藏的商品	直接显示用户已经收藏的商品列表
查看订单信息	直接显示用户（卖方和买方）的订单列表
查看对话信息	直接显示所有参与的对话信息
沟通交流	买卖双方进行消息交流
查看商品详情	显示商品的详细信息，在该页面上可以下订单、进行收藏等
浏览商品信息	浏览某一类别的商品列表
搜索商品	用户搜索需要的商品，显示列表
收藏商品	用户在商品详情页上可以收藏该商品信息
购买商品	用户进行下单购买
结束交易	买卖双方在订单页上结束交易
取消订单	用户取消订单，另一方确认

表 12-63　主要性能列表

性　能　需　求	描　　述
响应时间需求	请求合适的平均响应时间小于 0.5 s
吞吐量需求	每秒处理的请求在 1 000 条以下
容量需求	容纳客户数理论上不超过 10 000，商品总数不超过 10 000

性　能　需　求	描　　述
降级模式	在降级模式中,系统能够承载初始设计的 1/10 负载
资源需求	数据库表项不超过 200 000 条,内存占用不超过 1 GB,服务器大约需要 10 Mbps 的带宽

12.6.3.4　验收测试环境

1) 硬件

服务器：一台装有 AMD A4 - 5000 M 4 GB 内存 500 GB 硬盘的笔记本电脑。

服务器端网络：10 Mbps 及以上的广域网接入。

客户端：具有四核心处理器 2 GB RAM 、6 GB ROM 数据网络接入的 Android 智能手机。

客户端网络：互联网接入。

2) 软件

操作系统：Microsoft Windows/8. 1,
Android 6. 0. 1。

开发软件：Eclipse，Android Studio。

应用软件：JAVA 8。

3) 文档

软件需求规约.docx。

用户手册.docx。

软件测试计划.docx。

软件验收总结报告.docx。

4) 人员

技术经理：雷同学。

开发人员：田同学、徐同学。

测试人员：姚同学、徐同学。

技术支持人员：苏同学。

12.6.3.5　验收及测试结果

(1) 功能验收(见表 12 - 64)。

表 12 - 64　功 能 验 收 表

功 能 需 求	测 试 结 果	备　　注
注册	通　过	
登录	通　过	
管理用户信息	通　过	
发布商品	通　过	

功　能　需　求	测　试　结　果	备　　注
查看发布的商品	通　过	
查看收藏的商品	通　过	
查看订单信息	通　过	
查看对话信息	通　过	
沟通交流	通　过	
查看商品详情	通　过	
浏览商品信息	通　过	
搜索商品	通　过	
收藏商品	通　过	
购买商品	通　过	
结束交易	通　过	
取消订单	通　过	

（2）性能验收（见表 12-65）。

表 12-65　性　能　验　收　表

性　能　需　求	测　试　结　果	备　　注
响应时间需求	通　过	请求合适的平均响应时间小于 0.5 s
吞吐量需求	通　过	每秒处理的请求在 1 000 条以下
容量需求	通　过	容纳客户数理论上不超过 10 000,商品总数不超过 10 000
降级模式	通　过	在降级模式中,系统能够承载初始设计的 1/10 负载
资源需求	通　过	数据库表项不超过 200 000 条,内存占用不超过 1 GB,服务器大约需要 10 Mbps 的带宽

（3）文档验收（见表 12-66）。

表 12-66　文　档　验　收　表

阶　　段	文　档　需　求	测　试　结　果	备　注
计划阶段	风险列表	合乎要求	
	可行性分析报告	合乎要求	
	项目开发计划	合乎要求	
需求获取和分析阶段	词汇表	合乎要求	
	软件需求规约	合乎要求	

阶　段	文档需求	测试结果	备　注
设计阶段	软件架构文档	合乎要求	
	软件设计模型	合乎要求	
开发阶段	模块开发卷宗	合乎要求	
测试、交互和总结阶段	交互清单	合乎要求	
	软件测试计划	合乎要求	
	软件测试总结报告	合乎要求	
	软件项目总结报告	合乎要求	
	软件验收报告	合乎要求	
	用户手册	合乎要求	
附件	编程及代码风格指南	合乎要求	
	系统测试计划	合乎要求	
	需求管理计划	合乎要求	
	业务建模指南	合乎要求	
	用例建模指南	合乎要求	

12.6.3.6　验收总结

该软件系统基本功能已全部实现并基本满足性能要求,验收通过。

12.6.4　用户手册

12.6.4.1　引言

1）编写目的

本用户手册的编写目的是对二手商品交易平台软件的使用和运行进行说明。手册中介绍了软件的功能,规定了运行环境,详细地说明了使用过程和运行步骤。本文档用于辅助用户顺利使用软件。

2）适用范围

本文档适用的软件:校园二手商品交易平台。

与该软件相关的特性、子系统、模型、代码等均符合本文档中的内容。

3）定义

本文件中涉及的术语定义在项目词汇表(词汇表.docx)中给出。

4）参考资料

《面向对象软件工程——使用 UML、模式与 Java》(第 3 版),清华大学出版社,2011。

5）概述

本用户手册包括软件概述、运行环境、使用过程和运行说明四部分。软件概述部分说明了软件的构成和功能。运行环境部分规定了软件的使用环境。使用过程按步骤详细地介绍了软件的使用方法。运行说明介绍了系统的运行步骤。本文件的各部分内容联系紧密,详尽地描述了软件的情况和使用。各部分互为补充和对照,共同为用户的使用进行指导。

12.6.4.2 软件概述

该节内容复制自软件验收报告 12.6.3.3 节内容,此处略去。

12.6.4.3 运行环境

1) 硬件环境

(1) 服务器:处理器:AMD A4 - 5000 M、Intel core i5 3210 m 或以上。

内存:4 GB DDR3 或以上。

外部存储器:1×500 GB HDD 或更好的配置。

网络环境:具有 10 Mbps 或以上的广域网连接。

(2) 客户端:处理器:ARM cortex - A9 1 GHz 双核或以上。

内存:512 MB 或以上。

存储器:512 MB 或以上。

网络环境:2G/3G/4G/Wi-Fi 网络接入。

2) 支持软件

(1) 服务器端:Microsoft Windows 7/8.1/10。

JAVA 8 update91 64 bit。

MySQL 5.6.24。

(2) 客户端:Android 4.4/5.0/5.1/6.0。

3) 数据结构

本项目使用关系型数据库,具体为 MySQL 5.6.24,实际中与服务器为同一台物理机。

12.6.4.4 使用过程

12.6.4.4.1 安装与初始化

1) 客户端

首先需要获取安装包(.apk 文件),打开安装包,软件安装完成。

2) 服务器端

解压压缩文件,放于某磁盘根目录下,打开 Eclipse,import 该工程,以 JAVA 服务器的形式运行该工程。

12.6.4.4.2 输入

1) 注册时的输入

用户名:一个字符串,可以是数字、字母及符号,长度至少为 4 位。例:zhangsan,foobar0123。

密码:一个字符串,可以是数字、字母及符号,长度至少为 6 位。例:abcd1234。

手机号码:一个字符串,必须为 11 位纯数字。例:13912345678。

邮箱:一个合法的邮箱地址,字符串。例:test@test.com。

2) 登录时的输入

用户名:同注册。

密码:同注册。

3) 发布商品时的输入

商品名称:一个字符串,可以是汉字、数字、字母及符号,长度小于 255 个字节。例:计算机组成课本。

商品描述:一个字符串,可以是汉字、数字、字母及符号,长度小于 255 个字节。例:用了一个学期的课本,九成新,现在低价出售。

出售价格:一个浮点数。例:17.5。

4)聊天时的输入

一个字符串。例:你好。

5)创建订单时的输入

交易时间:一个字符串,需要满足以下格式:YYYY-MM-DD HH:MM:SS。YYYY 为年,MM 为月,DD 为日,HH 为小时,MM 为分钟,SS 为秒,例:2016-06-25 14:00:00。

交易地点:一个字符串,可以是汉字、数字、字母及符号,长度小于 255 个字节。

联系电话:一个字符串,必须为 11 位数字,例子同上。

6)修改个人资料时的输入

手机:一个字符串,必须为 11 位数字,例子同上。

邮箱:一个合法的邮箱地址,字符串。例:test@test.com。

12.6.4.4.3　输出

本软件运行时,与用户的所有交互结果均以界面交互的形式输出,并不包含大量的格式化数据,因此参见运行说明中运行步骤。

12.6.4.4.4　帮助信息获取

运行中遇到任何问题,请联系开发人员。

开发人员邮箱:515106143@qq.com。

12.6.4.5　运行说明

1)运行步骤

(1)登录:打开 App,在输入框中输入用户名和密码,单击登录按键(见图 12-100)。

(2)注册:打开 App,单击取消按键,在新的界面中的输入框输入用户名、密码、确认密码、手机号码、联系方式、邮箱,单击注册按键(见图 12-101)。

图 12-100　登录界面

图 12-101　注册界面

（3）浏览商品：登录成功后，即为商品的分类，单击类别即进入该类别下的商品列表。单击列表中任意一项，进入商品详情页面，可以浏览商品（见图 12‐102）。

图 12‐102　浏览商品界面

（4）查看功能列表：在登录后的主界面，可以拉出侧边栏，查看并选择想要进行的操作（见图 12‐103）。

图 12‐103　查看功能列表界面

图 12‐104　查看商品详情界面

（5）查看商品详情：在商品列表中单击任意一项，进入商品详情页面。可以看到价格、图片、简介等信息（见图 12-104）。

（6）联系卖家：在商品详情页面，单击联系卖家按键，即进入与对方的联系界面（见图 12-105）。

（7）收藏商品：在商品详情页面，单击收藏商品按键，即可将商品加入自己的收藏列表。

（8）创建订单：在商品详情页面，单击立即购买，进入创建订单页面。在该页面输入框中输入交易时间、交易地点、联系方式等信息，单击创建订单，即创建一个订单（见图 12-106）。

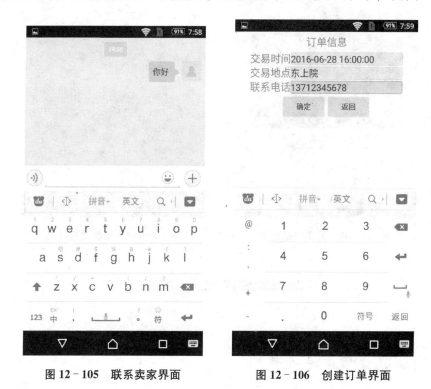

图 12-105　联系卖家界面　　　　　图 12-106　创建订单界面

（9）发布商品：用户在登录成功后，从左侧滑出侧边菜单，单击"发布商品"按钮，进入商品发布页面。在商品发布页面填写商品名称、商品描述、期望价格，选择商品类别，上传 1 张照片，完成后单击"确认发布"按钮（见图 12-107）。

（10）查看发布商品：用户在登录成功后，从左侧滑出侧边菜单，单击"我的发布"按钮，进入我的发布列表（见表 12-108）。单击列表中任意项可以进入商品详情页面。

（11）查看收藏商品：用户在登录成功后，从左侧滑出侧边菜单，单击"我的收藏"按钮，进入我的收藏列表（见图 12-109）。单击列表中任意项可以进入商品详情页面。

（12）更改资料：用户在登录成功后，从左侧滑出侧边菜单，单击"资料管理"按钮，进入个人信息页面。单击"修改资料"按钮，进入资料修改页面。填写新的手机、邮箱，单击"确定"完成资料更改（见图 12-110）。

（13）查看我的订单：用户在登录成功后，从左侧滑出侧边菜单，单击"我的订单"按钮，进入我的订单列表（见图 12-111）。单击列表中任意项可以进入订单详情页面。

（14）取消订单：在订单详情页面，单击"取消订单"按钮，即可取消订单（见图 12-112）。

图 12‑107 发布商品界面   图 12‑108 查看发布商品

图 12‑109 查看收藏商品

图 12 - 110　更改资料

图 12 - 111　查看订单　　　　**图 12 - 112　取消订单**

(15) 确认订单：在订单详情页面，单击"确认交易"按钮，即可确认订单。

(16) 联系对方：在订单详情页面，单击"联系"按钮，即可联系商品买方或卖方。

(17) 搜索商品：用户在登录成功后，单击左上角"更多"按钮，单击搜索，在屏幕最上的搜索框中输入关键字，单击前往，转到搜索结果列表（见图12-113）。

图12-113 搜索界面

2) 非常规过程

客户端运行时如果出现卡顿、死机等，可重启程序。如果在运行过程中遇到问题，建议首先重启服务器。如有疑问或异常可及时联系开发和维护人员。

参考文献

［1］　Stephen R S. 面向对象软件工程(英文版)［M］. 北京：机械工业出版社,2009.

［2］　拉曼. UML 和模式应用［M］. 3 版. 北京：机械工业出版社,2010.

［3］　耿祥义,张跃平. 面向对象与设计模式［M］. 北京：清华大学出版社,2013.

［4］　罗伊斯. 软件项目管理［M］. 北京：机械工业出版社,2002.

［5］　Roger S P. 软件工程：实践者的研究方法(英文版)［M］. 6 版. 北京：机械工业出版社,2008.

［6］　Erich G R H. 设计模式——可复用面向对象软件的基础［M］. 北京：机械工业出版社,2012.

［7］　Booch G，Rumbaugh,等. UML 用户指南［M］. 2 版. 北京：人民邮电出版社,2012.

［8］　徐宝文,周毓明,卢红敏. UML 与软件建模［M］. 北京：清华大学出版社,2006.

［9］　吴洁明. 软件工程基础实践教程［M］. 北京：清华大学出版社,2007.

［10］　张海藩. 软件工程导论［M］. 4 版. 北京：清华大学出版社,2003.

［11］　朱少民. 软件工程导论［M］. 北京：清华大学出版社,2009.

［12］　赵逢禹. 软件协同设计［M］. 北京：清华大学出版社,2011.

［13］　韩万江,姜立新. 软件项目管理案例教程［M］. 北京：机械工业出版社,2005.

［14］　毛新军. 软件工程实践教程［M］. 北京：高等教育出版社,2009.

［15］　宋雨. 软件工程实践教程［M］. 北京：电子工业出版社,2011.

［16］　王先国. 面向对象软件工程实践教程［M］. 广州：广东高等教育出版社,2010.

［17］　毋国庆. 软件需求工程［M］. 北京：机械工业出版社,2008.

［18］　周元哲. 软件测试［M］. 北京：清华大学出版社,2013.

［19］　任宏萍. 面向对象程序设计教程［M］. 北京：清华大学出版社,2012.

［20］　张荣. ANDROID 开发与应用［M］. 北京：人民邮电出版社,2014.